普通高等教育"十二五"系列教材

复变函数与积分变换

FUBIANHANSHU YU

主　编　刘瑞芹　王文祥

副主编　高艳辉　王　清　张守成

编　写　隋丽丽　杨文光　于　健

主　审　张凤元

中国电力出版社

CHINA ELECTRIC POWER PRESS

内 容 提 要

本书为普通高等教育“十二五”系列教材。全书共九章，主要内容包括复数与复变函数，解析函数，复变函数的积分，解析函数的级数表示，留数及其应用，共形映射，傅里叶变换，拉普拉斯变换，数学软件在复变函数与积分变换中的应用。全书知识体系完整，结构严谨，内容精练，选题灵活，推理简明，通俗易懂，旨在培养学生的数学素质，提高其应用数学知识解决实际问题的能力。

本书可作为理工科院校复变函数与积分变换课程的教材，还可作为学习复变函数与积分变换人员的参考用书。

图书在版编目（CIP）数据

复变函数与积分变换/刘瑞芹，王文祥主编．—北京：中国电力出版社，2011.11（2024.6重印）

普通高等教育“十二五”规划教材

ISBN 978-7-5123-2157-1

Ⅰ.①复… Ⅱ.①刘… ②王… Ⅲ.①复变函数—高等学校—教材②积分变换—高等学校—教材 Ⅳ.①O174.5②O177.6

中国版本图书馆 CIP 数据核字（2011）第 196763 号

中国电力出版社出版、发行

（北京市东城区北京站西街 19 号 100005 http://www.cepp.sgcc.com.cn）

北京九州迅驰传媒文化有限公司印刷

各地新华书店经售

*

2011 年 11 月第一版 2024 年 6 月北京第十二次印刷

787 毫米×1092 毫米 16 开本 9.25 印张 223 千字

定价 **28.00** 元

前　言

复变函数理论产生于18世纪，19世纪是其创立并全面兴起的时期。柯西、黎曼、维尔斯特拉斯是它的三个主要奠基人，他们三人分别从分析的角度（微分和积分）、几何的角度（保形变换）、代数角度（幂级数展开）对复变函数进行研究，他们杰出的工作汇集在一起，使得复变函数理论成为一个重要的数学分支。复变函数是数论、代数、方程等理论研究中的重要方法之一。在数学学科之外，复变函数已被广泛应用于流体力学、电学、天文学、信息学、控制学等方面的研究。因此，复变函数理论不仅是提高学生数学素质的基础性课程，而且也是解决实际问题的一门应用性课程。

在数学中，往往可以通过适当的变换把一个复杂的运算转化为一个简单的运算，如对数变换，它可以把方幂运算转化为乘除运算，把乘除运算转化为加减运算，再通过取反对数得原来数量的方幂或积商。积分变换也属于这种情况。

随着科学技术的迅速发展，复变函数与积分变换的理论和方法已广泛应用于许多工程技术和科学研究领域，“复变函数与积分变换”课程是面向高等院校理工科学生继高等数学、线性代数、概率论与数理统计课程之后的又一门数学基础课。通过对本课程的学习，使学生掌握复变函数与积分变换的基本理论及工程技术中常用的数学方法，为学习相关的后续课程和进一步扩大数学知识面奠定必要的基础。为了更好体现本课程的实用性和工科学生学习的特点，同时，为了满足教学改革和课程建设的需要，我们编写了这本教学用书。

本书遵照教育部制定的对本课程的教学基本要求，并结合编者多年讲授本课程的经验编写而成。本书具有以下几个特点：

（1）吸取了国内同类教材的优点，保持本课程传统的知识体系，考虑到理工科学生学习本课程的目的主要在于后续课程的应用，编写中侧重于对基本概念和解题方法的讲解，基本概念的引入尽可能简化，并淡化了一些理论证明，在学生获取知识的同时，培养学生的推理、归纳、演绎和创新能力。

（2）在内容的安排上力求由浅入深，循序渐进，使之能更好地适合理工科学生阅读。为了更好地便于学生自学，在注意编写的科学性和严谨性及知识的系统性的同时，力求叙述简洁，内容精练，推理简明，通俗易懂。

（3）例题和习题丰富。本书每一章都安排了适量的例题与习题，并注意到例题和习题选择上的典型性与多样性，有利于学生掌握所学内容，提高学生分析问题、解决问题的能力。

（4）增加了数学软件在复变函数与积分变换中的应用，使用常用数学软件Mathematica和MATLAB来进行复变函数与积分变换的各种运算，提高学生应用数学软件与编程的能力。学时不足时第九章可作为选修内容。

本书由华北科技学院的刘瑞芹、王文祥主编，高艳辉、王清、张守成副主编，隋丽丽、杨文光、于健编写。具体分工是：第一章和第九章由刘瑞芹编写，第二章由高艳辉编写，第三章和第四章由王清编写，第五章由张守成编写，第六章～第八章及附录由王文祥编写，习题一～习题三由隋丽丽编写，习题四～习题六由杨文光编写，习题七和习题八由于健编写。全书由刘瑞芹、王文祥统稿，北京化工大学张凤元教授主审。

限于编者水平，书中疏漏和错误之处在所难免，恳请读者和同行专家、学者批评指正。

编 者

2011 年 7 月

目　录

第一章　复数与复变函数

自变量为复数的函数叫复变函数，它是本课程的研究对象．复数的概念和运算是学习本课程的基础．本章首先讨论复数的基本概念、代数运算、三角表示、乘幂与方根等知识及复平面上区域的概念，然后给出复变函数的概念，再将高等数学中极限、连续的概念移植到复变函数中．

第一节　复数及其运算

一、复数的概念及代数运算

1．复数的概念

形如 $z=x+\mathrm{i}y$ 的数称为复数，其中 x，y 为实数．实数 x 和 y 分别称为复数 z 的实部与虚部．记为

$$x=\mathrm{Re}z,\quad y=\mathrm{Im}z$$

虚部为零的复数为实数，虚部不为零的复数称为虚数，实部为零、虚部不为零的复数称为纯虚数．复数 $z=x-\mathrm{i}y$ 和 $z=x+\mathrm{i}y$ 为共轭复数，z 的共轭复数记为 $\bar{z}$．

2．复数的四则运算

设 $z_1=x_1+\mathrm{i}y_1$，$z_2=x_2+\mathrm{i}y_2$，复数的四则运算定义为

加（减）法：$$z_1\pm z_2=(x_1\pm x_2)+\mathrm{i}(y_1\pm y_2)$$

乘法：$$z_1z_2=(x_1x_2-y_1y_2)+\mathrm{i}(x_1y_2+y_1x_2)$$

除法：$$\frac{z_1}{z_2}=\frac{x_1x_2+y_1y_2}{x_2^2+y_2^2}+\mathrm{i}\,\frac{y_1x_2-x_1y_2}{x_2^2+y_2^2}\quad(z_2\neq 0)$$

相等：$z_1=z_2$ 当且仅当 $x_1=x_2$，$y_1=y_2$

复数的四则运算满足以下运算律

（1）加法交换律　$z_1+z_2=z_2+z_1$

（2）加法结合律　$z_1+(z_2+z_3)=(z_1+z_2)+z_3$

（3）乘法交换律　$z_1\cdot z_2=z_2\cdot z_1$

（4）乘法结合律　$z_1\cdot(z_2\cdot z_3)=(z_1\cdot z_2)\cdot z_3$

（5）乘法对加法的分配律　$z_1\cdot(z_2+z_3)=z_1\cdot z_2+z_1\cdot z_3$

全体复数在加法和乘法运算下构成域，称为复数域．在复数域中，复数没有大小．全体复数构成的集合用 **C** 表示．

共轭复数的运算性质

（1）$\bar{\bar{z}}=z$；（2）$\overline{z_1\pm z_2}=\bar{z}_1\pm\bar{z}_2$；（3）$\overline{z_1z_2}=\bar{z}_1\bar{z}_2$；（4）$\overline{\left(\frac{z_1}{z_2}\right)}=\frac{\bar{z}_1}{\bar{z}_2}$

例 1　计算复数$\frac{3-2\mathrm{i}}{2+3\mathrm{i}}$.

解 方法一（商的公式）

$$\frac{z_1}{z_2}=\left(\frac{x_1x_2+y_1y_2}{x_2^2+y_2^2}\right)+\mathrm{i}\left(\frac{x_2y_1-x_1y_2}{x_2^2+y_2^2}\right)$$
$$=\frac{3\cdot 2+(-2)\cdot 3}{2^2+3^2}+\mathrm{i}\,\frac{2\cdot(-2)-3\cdot 3}{2^2+3^2}=-\mathrm{i}$$

方法二（共轭性质）

$$\frac{z_1}{z_2}=\frac{z_1\cdot\overline{z_2}}{z_2\cdot\overline{z_2}}=\frac{z_1\cdot\overline{z_2}}{|z_2|^2}=\frac{(3-2\mathrm{i})(2-3\mathrm{i})}{(2+3\mathrm{i})(2-3\mathrm{i})}$$
$$=\frac{(6-6)+\mathrm{i}(-4-9)}{2^2+3^2}=-\mathrm{i}$$

例 2 求复数 $z=\dfrac{1+2\mathrm{i}}{1-\mathrm{i}}$ 的实部和虚部.

解

$$z=\frac{1+2\mathrm{i}}{1-\mathrm{i}}=\frac{(1+2\mathrm{i})(1+\mathrm{i})}{(1-\mathrm{i})(1+\mathrm{i})}=\frac{1-2+3\mathrm{i}}{2}$$
$$=-\frac{1}{2}+\frac{3}{2}\mathrm{i}$$

所以

$$\mathrm{Re}z=-\frac{1}{2},\quad \mathrm{Im}z=\frac{3}{2}$$

二、复数的三角表示和指数表示

1. 复平面

一个复数 $z=x+\mathrm{i}y$ 本质上由一对有序实数唯一确定，于是能够确定平面上全部的点和全体复数间一一对应的关系. 如果把 x 和 y 当作平面上的点的坐标，复数 z 就与平面上的点一一对应起来，这个表示复数的平面叫做复平面或 z 平面，x 轴称为实轴，y 轴称为虚轴(见图 1-1).

在复平面上，从原点到点 $z=x+\mathrm{i}y$ 所引的向量 $\overrightarrow{OP}$ 与复数 z 也构成一一对应的关系，且复数的相加、减与向量相加、减的法则是一致的，即满足平行四边形法则（见图 1-2).

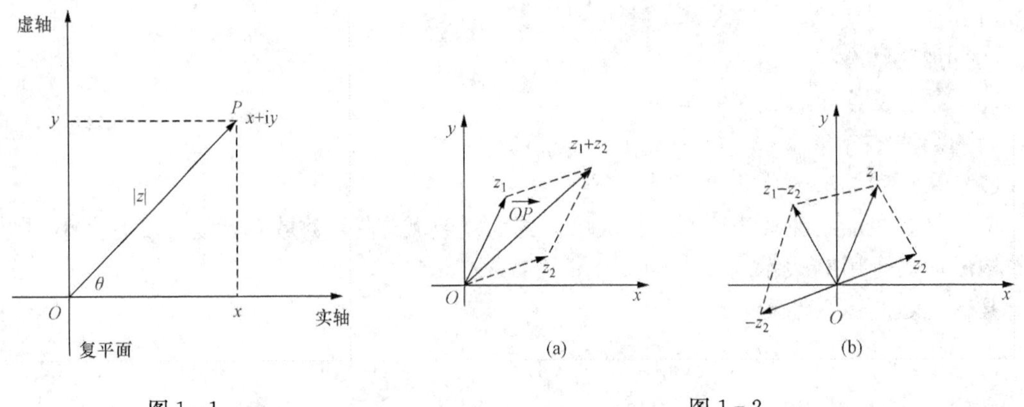

图 1-1　　图 1-2

这样，构成了复数、点、向量之间的一一对应关系.

2. 复数的模与辐角

向量$\overrightarrow{OP}$的长度称为复数 $z=x+\mathrm{i}y$ 的模或绝对值，即

$$r=|z|=\sqrt{x^2+y^2}$$

易知

(1) $|x|\leqslant|z|$，$|y|\leqslant|z|$，$|z|\leqslant|x|+|y|$

(2) $|z_1|-|z_2|\leqslant|z_1\pm z_2|\leqslant|z_1|+|z_2|$

(3) 点 z_1 与点 z_2 的距离为

$$\mathrm{d}(z_1,z_2)=|z_1-z_2|=\sqrt{(x_1-x_2)^2+(y_1-y_2)^2}$$

实轴正向到非零复数 $z=x+\mathrm{i}y$ 所对应的向量$\overrightarrow{OP}$间的夹角 θ 满足

$$\tan\theta=\frac{y}{x}$$

称 θ 为复数 z 的辐角，记为 $\theta=\mathrm{Arg}z$. 任一非零复数有无穷多个辐角，以 $\arg z$ 表其中的一个特定值，称 z 的主辐角（或辐角主值），且规定 $-\pi<\arg z\leqslant\pi$. 所以有 $\mathrm{Arg}z=\arg z+2k\pi$，$k$ 为任意整数. 由主辐角的定义有

$$\arg z=\begin{cases}\arctan\dfrac{y}{x} & x>0\\ \dfrac{\pi}{2} & x=0,y>0\\ \arctan\dfrac{y}{x}+\pi & x<0,y>0\\ \arctan\dfrac{y}{x}-\pi & x<0,y<0\\ -\dfrac{\pi}{2} & x=0,y<0\end{cases}$$

$$\theta=\mathrm{Arg}z=\arg z+2k\pi\quad(k=0,\pm1,\pm2,\cdots)$$

需要注意的是，复数“零”的辐角是任意的值.

例 3　求 $\arg(2-2\mathrm{i})$ 及 $\mathrm{Arg}(2-2\mathrm{i})$.

解　$\arg(2-2\mathrm{i})=\arctan\dfrac{-2}{2}=-\dfrac{\pi}{4}$

$\mathrm{Arg}(2-2\mathrm{i})=\arg(2-2\mathrm{i})+2k\pi=-\dfrac{\pi}{4}+2k\pi$ ，k 为任意整数.

3. 复数的三角表示和指数表示

设 z 为非零复数，r 是 z 的模，θ 为 z 的任意一个辐角. 则

$$z=r(\cos\theta+\mathrm{i}\sin\theta)$$

上式右端称为复数的三角表示式.

利用欧拉公式 $\mathrm{e}^{\mathrm{i}\theta}=\cos\theta+\mathrm{i}\sin\theta$ ，复数 z 又可表示为

$$z=r\mathrm{e}^{\mathrm{i}\theta}$$

上式右端称为复数的指数表示式.

例 4　将下列复数化成三角表示式和指数表示式.

(1) $1+\mathrm{i}$；　(2) $1-\cos\varphi+\mathrm{i}\sin\varphi$ $(0\leqslant\varphi\leqslant\pi)$.

解 (1) $1+\mathrm{i}=\sqrt{2}\left(\cos\frac{\pi}{4}+\mathrm{i}\sin\frac{\pi}{4}\right)=\sqrt{2}\mathrm{e}^{\mathrm{i}\frac{\pi}{4}}$

(2) $$1-\cos\varphi+\mathrm{i}\sin\varphi=2\sin^2\frac{\varphi}{2}+\mathrm{i}2\sin\frac{\varphi}{2}\cos\frac{\varphi}{2}=2\sin\frac{\varphi}{2}\left(\sin\frac{\varphi}{2}+\mathrm{i}\cos\frac{\varphi}{2}\right)$$
$$=2\sin\frac{\varphi}{2}\left(\cos\frac{\pi-\varphi}{2}+\mathrm{i}\sin\frac{\pi-\varphi}{2}\right)$$
$$=2\sin\frac{\varphi}{2}\mathrm{e}^{\mathrm{i}\frac{\pi-\varphi}{2}}\quad(0\leqslant\varphi\leqslant\pi)$$

利用复数的指数形式作乘除法比较简单，如

$$z_1z_2=r_1\mathrm{e}^{\mathrm{i}\theta_1}\cdot r_2\mathrm{e}^{\mathrm{i}\theta_2}=r_1r_2\mathrm{e}^{\mathrm{i}(\theta_1+\theta_2)}$$
$$\frac{z_1}{z_2}=\frac{r_1\mathrm{e}^{\mathrm{i}\theta_1}}{r_2\mathrm{e}^{\mathrm{i}\theta_2}}=\frac{r_1}{r_2}\mathrm{e}^{\mathrm{i}(\theta_1-\theta_2)}$$

所以有

$$|z_1z_2|=|z_1||z_2|,\left|\frac{z_1}{z_2}\right|=\frac{|z_1|}{|z_2|}\quad(z_2\neq0)$$
$$\mathrm{Arg}(z_1z_2)=\mathrm{Arg}z_1+\mathrm{Arg}z_2$$
$$\mathrm{Arg}\left(\frac{z_1}{z_2}\right)=\mathrm{Arg}z_1-\mathrm{Arg}z_2$$

即：两个复数乘积的模等于它们模的乘积，辐角等于它们的辐角之和；两复数的商的模等于它们模的商，辐角等于被除数与除数的辐角之差.

例 5 用三角表示式和指数表示式计算下列复数.

(1) $(1+\sqrt{3}\mathrm{i})(-\sqrt{3}-\mathrm{i})$； (2) $\dfrac{2+\mathrm{i}}{1-2\mathrm{i}}$.

解 (1) $1+\sqrt{3}\mathrm{i}=2\left(\cos\frac{\pi}{3}+\mathrm{i}\sin\frac{\pi}{3}\right)=2\mathrm{e}^{\frac{\pi}{3}\mathrm{i}}$，$-\sqrt{3}-\mathrm{i}=2\left[\cos\left(-\frac{5\pi}{6}\right)+\mathrm{i}\sin\left(-\frac{5\pi}{6}\right)\right]=2\mathrm{e}^{-\frac{5\pi}{6}\mathrm{i}}$

所以 $(1+\sqrt{3}\mathrm{i})(-\sqrt{3}-\mathrm{i})=4\left[\cos\left(-\frac{\pi}{2}\right)+\mathrm{i}\sin\left(-\frac{\pi}{2}\right)\right]=4\mathrm{e}^{-\frac{\pi}{2}\mathrm{i}}=-4\mathrm{i}$

(2) $$2+\mathrm{i}=\sqrt{5}\left(\cos\arctan\frac{1}{2}+\mathrm{i}\sin\arctan\frac{1}{2}\right)=\sqrt{5}\mathrm{e}^{\mathrm{i}\arctan\frac{1}{2}}$$
$$1-2\mathrm{i}=\sqrt{5}[\cos\arctan(-2)+\mathrm{i}\sin\arctan(-2)]=\sqrt{5}\mathrm{e}^{\mathrm{i}\arctan(-2)}$$

所以 $$\frac{2+\mathrm{i}}{1-2\mathrm{i}}=\cos\left(\arctan\frac{1}{2}+\arctan2\right)+\mathrm{i}\sin\left(\arctan\frac{1}{2}+\arctan2\right)$$
$$=\mathrm{e}^{\left(\arctan\frac{1}{2}+\arctan2\right)\mathrm{i}}$$

4. 复数的乘幂与方根

对于非零复数 $z=r\mathrm{e}^{\mathrm{i}\theta}$，非零复数 z 的整数次幂为

$$z^n=r^n\mathrm{e}^{\mathrm{i}n\theta}=r^n(\cos n\theta+\mathrm{i}\sin n\theta)$$

当 $r=1$ 时，则得棣摩弗公式 $(\cos\theta+\mathrm{i}\sin\theta)^n=\cos n\theta+\mathrm{i}\sin n\theta$

非零复数 z 的整数次根式 $\sqrt[n]{z}$ 为

$$\sqrt[n]{z}=\sqrt[n]{r}\mathrm{e}^{\mathrm{i}\frac{\theta+2k\pi}{n}}=\sqrt[n]{r}\left(\cos\frac{\theta+2k\pi}{n}+\mathrm{i}\sin\frac{\theta+2k\pi}{n}\right),\ k=0,1,2,\cdots,n-1.$$

注：(1) 当 $k=0$，1，2，3，…，$n-1$ 时，得 n 个相异的根；当 $k=n$，$n+1$，…时，这些根又重复出现.

(2) 在几何上，$\sqrt[n]{z}$的 n 个值是以原点为中心、$r^{\frac{1}{n}}$ 为半径的圆的内接正 n 边形的 n 个顶点.

例 6 求 $(1+\mathrm{i})^8$.

解 $1+\mathrm{i}=\sqrt{2}e^{\mathrm{i}\frac{\pi}{4}}$，故有

$$(1+\mathrm{i})^8=(\sqrt{2}e^{\mathrm{i}\frac{\pi}{4}})^8=(\sqrt{2})^8 e^{\mathrm{i}8\frac{\pi}{4}}=16e^{\mathrm{i}2\pi}=16$$

例 7 设 $z=1+\mathrm{i}$，求$\sqrt[4]{z}$.

解 因 $z=\sqrt{2}e^{\mathrm{i}\frac{\pi}{4}}$，故$|z|=\sqrt{2}$，$\arg z=\dfrac{\pi}{4}$. 于是 z 的四个四次方根分别为

$$w_0=\sqrt[8]{2}e^{\mathrm{i}\frac{\pi}{16}},\ w_1=\sqrt[8]{2}e^{\mathrm{i}\frac{9\pi}{16}},\ w_2=\sqrt[8]{2}e^{\mathrm{i}\frac{17\pi}{16}},\ w_3=\sqrt[8]{2}e^{\mathrm{i}\frac{25\pi}{16}}.$$

例 8 求方程 $z^3+8=0$ 的所有根.

解 $z=\sqrt[3]{-8}=2\left(\cos\dfrac{\pi+2k\pi}{3}+\mathrm{i}\sin\dfrac{\pi+2k\pi}{3}\right)\ (k=0,1,2)$，

即三个根分别为 $1+\sqrt{3}\mathrm{i}$，-2，$1-\sqrt{3}\mathrm{i}$.

第二节 平面点集的概念

一、区域

1. 邻域

设 $\delta>0$，点 z_0 的 δ 邻域是指满足 $|z-z_0|<\delta$ 的点 z 所组成的集合. 即以 z_0 为中心，δ 为半径的圆的内部.

2. 区域

设有非空点集 G，如果满足

(1) 开集性：在 G 中的每一点 z，都必有以 z 的一个邻域含于 G 内（圆内的每点都是 G 内的点）；

(2) 连通性：G 内任意两点都可以用一条由 G 内的点所构成的折线连接.

则称 G 为区域.

3. 边界点、边界、闭区域

若点 P 不属于区域 G，但在 P 的任意邻域内总包含有 G 中的点，则点 P 叫做区域 G 的边界点. G 的所有边界点的集合叫做 G 的边界（图 1-3）. 区域 G 与它的边界一起构成闭区域或闭域，用$\overline{G}$表示.

4. 单连通域与复连通域

如果在区域 G 内任作一条简单闭曲线，而曲线的内部每一点都属于 G，则称 G 为单连通区域. 如果一个区域不是单连通区域，则称为复连通区域（见图 1-4）.

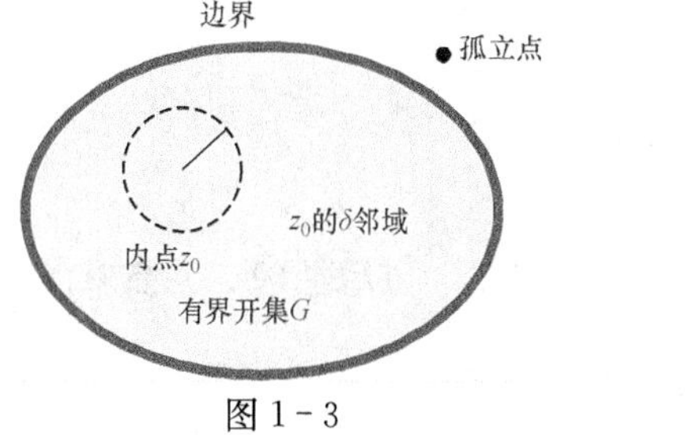

图 1-3

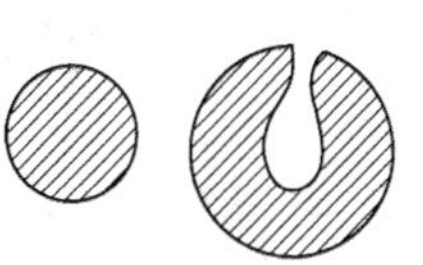
(a)单连通区域

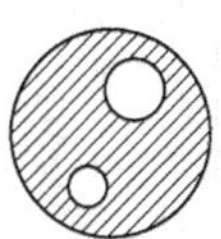
(b)复连通区域

图 1-4

单连通区域的重要特征是：区域 G 内任意一条简单闭曲线，在 G 内可以经过连续的变形而缩成一点，而复连通区域不具有这个特征.

例 1 集合 $\{z \mid 2<\mathrm{Re}z<3\}$ 为一个垂直带形，它是一个单连通无界区域，其边界为直线 $\mathrm{Re}z=2$ 及 $\mathrm{Re}z=3$.

例 2 集合 $\{z \mid 2<\arg(z-\mathrm{i})<3\}$ 为一角形，它是一个单连通无界区域，其边界为半射线 $\arg(z-\mathrm{i})=2$ 及 $\arg(z-\mathrm{i})=3$.

例 3 集合 $\{z \mid 2<|z-\mathrm{i}|<3\}$ 为一个圆环，它是一个复连通有界区域，其边界为圆 $|z-\mathrm{i}|=2$ 及 $|z-\mathrm{i}|=3$.

二、简单曲线或约当曲线

1. 连续曲线

如果 $x(t)$ 和 $y(t)$ 是两个连续的实变函数，则方程组 $x=x(t), y=y(t)(\alpha\leqslant t\leqslant\beta)$ 代表一条平面曲线，称为连续曲线. 如果用 $z(t)=x(t)+\mathrm{i}y(t)(\alpha\leqslant t\leqslant\beta)$ 或 $z=z(t)(\alpha\leqslant t\leqslant\beta)$ 来表示，这就是平面曲线的复数表示式.

例 4 写出复平面上以坐标原点为圆心，以 r 为半径的圆的方程.

解 $x=r\cos t, y=r\sin t(0\leqslant t\leqslant 2\pi)$ 或 $z(t)=r\cos t+\mathrm{i}r\sin t(0\leqslant t\leqslant 2\pi)$

例 5 求复平面上过 $z_1=x_1+\mathrm{i}y_1$，$z_2=x_2+\mathrm{i}y_2$ 两点的直线方程.

解 参数方程为 $\begin{cases} x=x_1+t(x_2-x_1) \\ y=y_1+t(y_2-y_1) \end{cases} \quad (-\infty<t<+\infty)$

由参数式得复数形式参数方程为 $z=z_1+t(z_2-z_1)(-\infty<t<+\infty)$

特别地，过 z_1 与 z_2 的直线段的参数方程为 $z(t)=z_1+t(z_2-z_1)\ (0\leqslant t\leqslant 1)$.

例 6 求下列方程所表示的曲线.

(1) $|z+\mathrm{i}|=2$ (2) $|z-2\mathrm{i}|=|z+2|$ (3) $\mathrm{Im}(\mathrm{i}+\bar{z})=4$

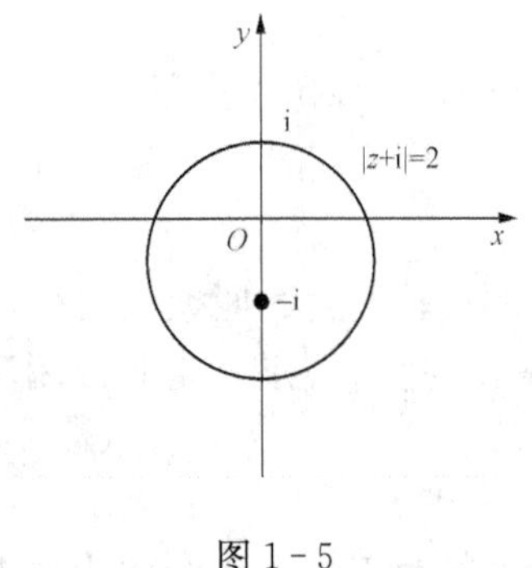

图 1-5

解 (1) $|z+\mathrm{i}|=2$ 表示与点 $-\mathrm{i}$ 距离为 2 的点的轨迹，即圆心为 $-\mathrm{i}$，半径为 2 的圆（见图 1-5）化为直角坐标方程：$\sqrt{x^2+(y+1)^2}=2$. 化简得：$x^2+(y+1)^2=4$.

(2) $|z-2\mathrm{i}|=|z+2|$ 表示到 $2\mathrm{i}$ 与 -2 距离相等点的轨迹，即表示连接 $2\mathrm{i}$ 和 -2 的线段的垂直平分线. 化为直角坐标方程为：$y=-x$.

(3) $\mathrm{Im}(\mathrm{i}+\bar{z})=4$. 设 $z=x+\mathrm{i}y$，那么 $\mathrm{i}+\bar{z}=x+(1-y)\mathrm{i}$ 代入得：$1-y=4$，即 $y=-3$.

2. 重点

若对 $t_1\neq t_2$，t_1、t_2 不同时是 $[\alpha,\beta]$ 的端点，有 $z(t_1)=z(t_2)$，则 $z(t_1)$ 称为曲线 c 的重点.

3. 简单曲线（或约当曲线）

没有重点的连续曲线称为简单曲线或约当曲线.

4. 简单闭曲线

如果简单曲线 c 的起点与终点重合，即 $z(\alpha)=z(\beta)$，则称曲线 c 为简单闭曲线或约当闭曲线［见图 1-6 (a)］.

因此，连续曲线有以下四种情况（见图 1－6）.

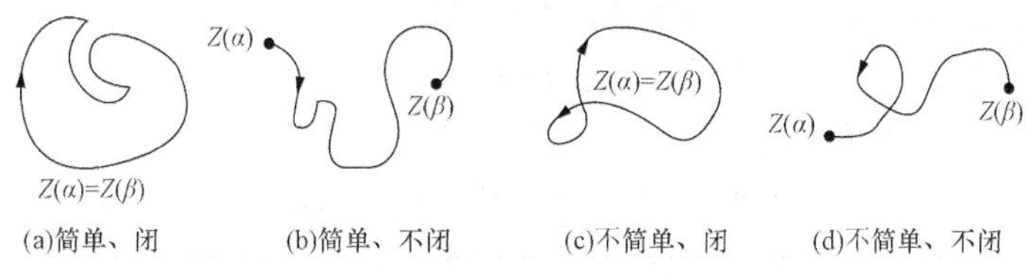

图 1－6

约当定理　任一简单闭曲线将复平面分成两个区域，它们都以该曲线为边界，其中一部分是有界区域，成为该简单闭曲线的内部，另一部分为无界区域，称为简单闭曲线的外部.

5. 光滑曲线

设函数 $x(t),y(t)$ 满足

(1) $x'(t),y'(t)$ 在区间 $[a, b]$ 内连续；

(2) 当 $t\in[a,b]$ 时，$[x'(t)]^2+[y'(t)]^2\neq 0$.

则称曲线 $z=x(t)+\mathrm{i}y(t)$ 为光滑曲线. 由若干段光滑曲线所组成的曲线称为分段光滑曲线.

例 7　$z=t^2+\mathrm{i}t^3(-1\leqslant t\leqslant 1)$ 表示怎样的曲线?

解　它相当于 $x=t^2$，$y=t^3$，可得：$y=\pm\sqrt{x^3}$.

容易验证：当 $t=0$ 时，有 $x'(0)=y'(0)=0$，曲线在 $t=0$ 处不光滑.

因此该曲线是分段光滑曲线.

第三节　复　变　函　数

在客观现象中，有很多物理量（如速度、加速度、电场强度、磁场强度等）可以用复数去刻画，这样在研究过程中会感到十分方便. 在大量的实际问题中，人们经常接触到的变量之间的关系可以用复变函数来描述，研究它很有价值.

一、复变函数的概念

1. 复变函数的定义

设 D 是复平面上一点集，如果对 D 中任意一点 z，通过一个确定的法则 f 有一个或若干个复数 w 与之对应，则称在 D 上定义了一个复变函数，记为 $w=f(z)$. 如果对每个 z，有唯一的 w 与之对应，则称 $w=f(z)$ 为单值函数，否则就称为多值函数. D 为定义域，w 的集合称为值域.

例如

$w=z^2+1$，$w=|z|$，$w=\bar{z}$，$w=\dfrac{z+1}{z-1}$　$(z\neq 1)$ 均为单值函数；

$w=\sqrt[n]{z}$（$z\neq 0$，$n\geqslant 2$，n 为整数）及 $w=\mathrm{Arg}z$（$z\neq 0$）均为 z 的多值函数.

由于给定复数 $z=x+\mathrm{i}y$ 就相当于给定两个实数 x、y，而复数 $w=u+\mathrm{i}v$ 同样对应两个实数 u、v，且 u、v 是 x、y 的函数.

把复变函数 $w=f(z)$ 的实部和虚部分别记为 $u(x,y),v(x,y)$，复变函数常记为 $f(z)=$

$u(x,y)+\mathrm{i}v(x,y)$. 这就是说，复变函数可以归结为一对二元实函数. 因此，实变函数论的许多定义、公式、定理都可以直接移植到复变函数论中.

例 1 设 $w=z+z^2$，z 为任意复数，求 $u(x,y),v(x,y)$.

解 令 $z=x+\mathrm{i}y$，则有

$$\begin{aligned} u+\mathrm{i}v &= (x+\mathrm{i}y)+(x+\mathrm{i}y)^2 \\ &= (x^2-y^2+x)+\mathrm{i}(2xy+y) \end{aligned}$$

于是有

$$u(x,y)=x^2-y^2+x, v(x,y)=2xy+y$$

2. 复变函数的几何表示

要描述 $w=f(z)$ 的图形，可取两张复平面，分别称为 z 平面与 w 平面，而把复变函数理解为两个复平面上的点集间的映射，如图 1－7 所示. 具体地说，复变函数 $w=f(z)$ 给出了从 z 平面上的点集 D 到 w 平面上的点集 F 间的一个对应关系，与点 $z\in D$ 对应的点 w 称为 z 点的象点，而 z 点就称为 w 的原像.

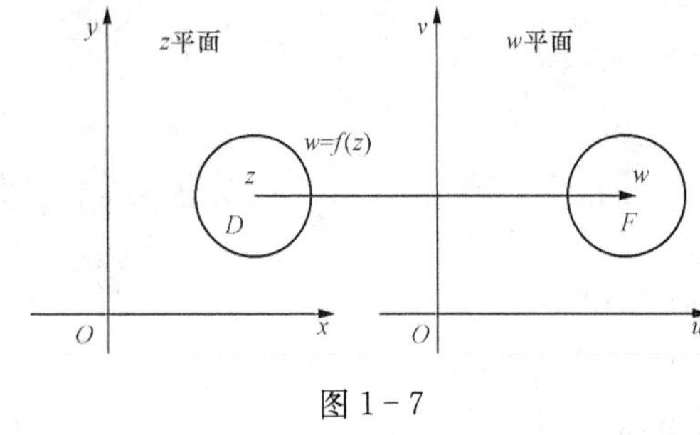

图 1－7

例如，$w=\bar{z}$ 构成的映射就把 z 平面上的点 $a+\mathrm{i}b$ 映射成 w 平面上的点 $a-\mathrm{i}b$. 如把两个平面重合在一起，就是关于实轴对称的映射.

例 2 函数 $w=z^2$ 把 z 平面上的下列曲线分别变成 w 平面上的何种曲线?

(1) 以原点为圆心，2 为半径，在第一象限里的圆弧;

(2) 倾角 $\theta=\dfrac{\pi}{3}$ 的直线;

(3) 双曲线 $x^2-y^2=4$.

解 设 $z=x+\mathrm{i}y=r(\cos\theta+\mathrm{i}\sin\theta)$，$\omega=u+\mathrm{i}v=R(\cos\varphi+\mathrm{i}\sin\varphi)$，则

$$R=r^2,\quad \varphi=2\theta$$

因此

(1) 在 w 平面上对应的图形为：以原点为圆心，4 为半径，上半平面的半圆周.

(2) 在 w 平面上对应的图形为：射线 $\theta=\dfrac{2\pi}{3}$.

(3) 因 $\omega=z^2=x^2-y^2+2xy\mathrm{i}$，故 $u=x^2-y^2$，在 w 平面上对应的图形为：直线 $\mathrm{Re}\,\omega=4$.

例 3 函数 $w=\dfrac{1}{z}$ 将 z 平面上曲线 $x^2+y^2=4$ 映成 w 平面上怎样的曲线?

解 w 平面上怎样的曲线 $\xleftarrow{w=\frac{1}{z}}$ u，v 满足怎样的关系.

$$w=\frac{1}{z}=\frac{x-\mathrm{i}y}{x^2+y^2}\Rightarrow u=\frac{x}{x^2+y^2}, v=\frac{-y}{x^2+y^2}$$

由 $x^2+y^2=4$ 得

$$u=\frac{x}{4},\ v=\frac{-y}{4}$$

消去 x，y 得

$$u^2+v^2=\frac{1}{4}$$

表示 w 平面上的椭圆.

3. 反函数（逆映射）

设函数 $w=f(z)$ 定义域为 z 平面上的集合 G，值域为 w 平面上的集合 G^*，那么 G^* 中每一点 w 将对应 G 中的点 z，按函数定义，在 G^* 上确定一个函数 $z=\varphi(w)$，称为 $w=f(z)$ 的反函数或逆映射，记 $w=f^{-1}(z)$.

二、复变函数的极限

1. 复变函数的极限

设函数 $w=f(z)$ 在 z_0 的去心邻域 $0<|z-z_0|<\rho$ 内有定义，A 是一个复常数. 如果对于任意给定的 $\varepsilon>0$，可以找到一个与 ε 有关的正数 $\delta=\delta(\varepsilon)>0$，使得对满足 $0<|z-z_0|<\delta(0<\delta\leqslant\rho)$ 的一切 z，都有

$$|f(z)-A|<\varepsilon$$

则称 A 为函数 $f(z)$ 当 z 趋于 z_0 时的极限，记作

$$\lim_{z\to z_0}f(z)=A \text{ 或 } f(z)\to A(\text{当 } z\to z_0)$$

注：(1) 对极限概念的几何说明如下：

不等式 $0<|z-z_0|<\delta$ 所确定的是 z 平面上的一个去心邻域，即除去了中心 z_0 的一个 δ 邻域.

$f(z)$ 在点 z_0 以 A 为极限的意思是：先在 w 平面上给定一个以 A 为中心，半径为 ε 的圆，而后能找到 z_0 的一个去心 δ 邻域，使得 D 中含于此去心邻域内的点的像在上述 ε 圆内（见图 1-8).

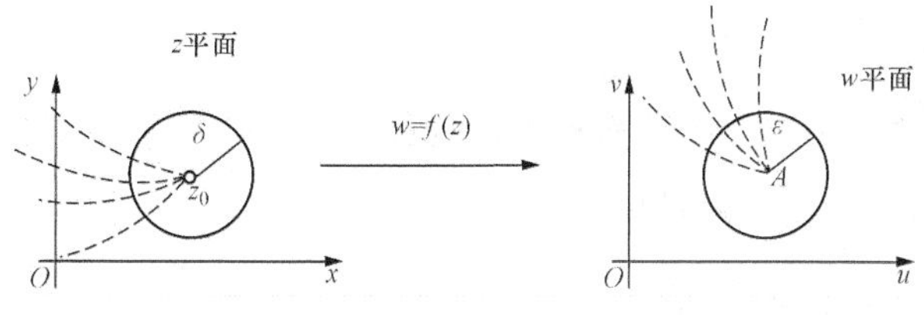

图 1-8

先后顺序关系：ε 圆是先给的，去心的 δ_ 邻域则是后找的，即当变点 z 进入 z_0 的去心邻域 $0<|z-z_0|<\delta$ 时，对应的 w 就进入 A 的 ε 邻域 $|f(z)-A|<\varepsilon$.

(2) 因为自变量 z 是平面上的点，所以 z 趋向 z_0 是按任意的方式进行的，路径是任意的. 具体地说，即使当 z 沿任何射线方向趋向于 z_0 时，$f(z)$ 都趋向于数 A，仍不能说 $f(z)$ 在点 z_0 以 A 为极限.

例 4 问函数 $f(z)=\dfrac{\bar{z}}{z}$ 在 $z=0$ 有无极限?

解 设 $z=r(\cos\theta+\mathrm{i}\sin\theta)$,则 $f(z)=\dfrac{r(\cos\theta-\mathrm{i}\sin\theta)}{r(\cos\theta+\mathrm{i}\sin\theta)}=\cos2\theta-\mathrm{i}\sin2\theta$.

当 θ 等于 0 时，$\lim\limits_{z\to0}f(z)=\cos0-\mathrm{i}\sin0=1$.

当 θ 等于 $\dfrac{\pi}{4}$ 时，$\lim\limits_{z\to0}f(z)=\cos\dfrac{\pi}{2}-\mathrm{i}\sin\dfrac{\pi}{2}=-\mathrm{i}$.

故 $f(z)$ 在原点无极限.

求复变函数 $f(z)=u(x,y)+\mathrm{i}v(x,y)$ 的极限问题可转化为求两个二元实函数 $u=u(x,y)$，$v=v(x,y)$ 的极限问题.

定理 1 设函数 $f(z)=u(x,y)+\mathrm{i}v(x,y)$，$A=u_0+\mathrm{i}v_0$，$z_0=x_0+\mathrm{i}y_0$，则 $\lim\limits_{z\to z_0}f(z)=A\Leftrightarrow\lim\limits_{(x,y)\to(x_0,y_0)}u(x,y)=u_0$，$\lim\limits_{(x,y)\to(x_0,y_0)}v(x,y)=v_0$

证 必要性：$\lim\limits_{z\to z_0}f(z)=A\Rightarrow\forall\varepsilon>0,\exists\delta>0$ 使得 $0<|z-z_0|=\sqrt{(x-x_0)^2+(y-y_0)^2}<\delta$ 时，有 $|f(z)-A|=|(u-u_0)+\mathrm{i}(v-v_0)|=\sqrt{(u-u_0)^2+(v-v_0)^2}<\varepsilon$，而

$$|(u-u_0)+\mathrm{i}(v-v_0)|\geqslant|u-u_0|$$

$$|(u-u_0)+\mathrm{i}(v-v_0)|\geqslant|v-v_0|\Rightarrow\forall\varepsilon>0$$

当 $0<\sqrt{(x-x_0)^2+(y-y_0)^2}<\delta$ 时，有 $|u-u_0|<\varepsilon$ 与 $|v-v_0|<\varepsilon$，即

$$\lim_{(x,y)\to(x_0,y_0)}u(x,y)=u_0,\quad\lim_{(x,y)\to(x_0,y_0)}v(x,y)=v_0$$

充分性：已知 $\lim\limits_{(x,y)\to(x_0,y_0)}u(x,y)=u_0$，$\lim\limits_{(x,y)\to(x_0,y_0)}v(x,y)=v_0$，$\Rightarrow\forall\varepsilon>0,\exists\delta>0$ 使得当 $0<\sqrt{(x-x_0)^2+(y-y_0)^2}<\delta$ 时，有 $|u-u_0|<\frac{\varepsilon}{2}$，$|v-v_0|<\frac{\varepsilon}{2}$，而

$$\begin{aligned}|f(z)-A|&=|(u-u_0)+\mathrm{i}(v-v_0)|\\&\leqslant|u-u_0|+|v-v_0|\end{aligned}$$

所以当 $0<|z-z_0|<\delta$ 时，有 $|f(z)-A|<\frac{\varepsilon}{2}+\frac{\varepsilon}{2}=\varepsilon$，即

$$\lim_{z\to z_0}f(z)=A$$

2. 复变函数极限的运算

关于极限的和、差、积、商等性质可以不加改变地推广到复变函数中.

定理 2 如果 $\lim\limits_{z\to z_0}f(z)=A,\lim\limits_{z\to z_0}g(z)=B$，则

(1) $\lim\limits_{z\to z_0}[f(z)\pm g(z)]=A\pm B$;

(2) $\lim\limits_{z\to z_0}f(z)\cdot g(z)=A\cdot B$;

(3) $\lim\limits_{z\to z_0}\dfrac{f(z)}{g(z)}=\dfrac{A}{B}(B\neq 0)$.

三、复变函数的连续性

若 $\lim\limits_{z\to z_0}f(z)=f(z_0)$，则称 $f(z)$ 在 z_0 处连续；如果 $f(z)$ 在 D 中每一点连续，则称 $f(z)$ 在 D 上连续.

定理 3 函数 $f(z)=u(x,y)+\mathrm{i}v(x,y)$ 在 $z_0=x_0+\mathrm{i}y_0$ 处连续的充要条件是 $u(x,y)$ 与 $v(x,y)$ 在 (x_0,y_0) 处连续.

上述定理告诉我们：判断复变函数是否连续，只需看其实部、虚部是否连续. 在数学分析中，闭区间上的连续函数有三个重要性质：有界性、达到最值及一致连续性，对复变函数也有类似性质.

例 5 讨论函数 $f(z)=\ln(x^2+y^2)+\mathrm{i}(x^2-y^2)$ 的连续性.

解 二元函数 $u=\ln(x^2+y^2), v=x^2-y^2$，在除了点（0，0）外处处连续，故函数 $f(z)$ 在复平面上除了点（0，0）外处处连续.

复变函数的极限与连续性的定义与实函数的极限与连续性的定义在形式上完全相同，因此高等数学中的有关定理依然成立，也因此又有有界闭区域上连续函数的性质.

定理 4 （1）连续函数的和、差、积、商（分母不为 0）是连续函数；

（2）连续函数的复合函数是连续函数；

（3）有界闭区域$\overline{D}$上的连续函数 $f(z)$ 是有界的；

（4）有界闭区域$\overline{D}$上的连续函数 $f(z)$，在$\overline{D}$上其模 $|f(z)|$ 可取得最大值和最小值.

定理 5 设函数 $f(z)$ 在有界闭集 E 上连续，则

（1）在 E 上 $f(z)$ 有界，即 $\exists M>0$，使 $|f(z)|\leqslant M,(z\in E)$.

（2）$|f(z)|$ 在 E 上有最大值与最小值.

例 6 设 $f(z)$ 在点 z_0 连续，且 $f(z_0)\neq 0$，则 $f(z)$ 在点 z_0 的某邻域内恒不为 0.

证 因 $f(z)$ 在点 z_0 连续，则 $\forall \varepsilon>0$，$\exists \delta>0$，只要 $|z-z_0|<\delta$，就有 $|f(z)-f(z_0)|<\varepsilon$，特别地，取 $\varepsilon=\left|\dfrac{f(z_0)}{2}\right|>0$，则由上面的不等式得

$$|f(z)|>|f(z_0)|-\varepsilon=\left|\frac{f(z_0)}{2}\right|>0$$

因此，$f(z)$ 在 δ 邻域 $N_\delta(z_0)$ 内就恒不为 0.

例 7 设 $f(z)=\dfrac{1}{2\mathrm{i}}\left(\dfrac{z}{\bar{z}}-\dfrac{\bar{z}}{z}\right)\ (z\neq 0)$，试证 $f(z)$ 在原点无极限，从而在原点不连续.

证 令 $z=r(\cos\theta+\mathrm{i}\sin\theta)$，则

$$f(z)=\frac{1}{2\mathrm{i}}\left(\frac{r\mathrm{e}^{\mathrm{i}\theta}}{r\mathrm{e}^{-\mathrm{i}\theta}}-\frac{r\mathrm{e}^{-\mathrm{i}\theta}}{r\mathrm{e}^{\mathrm{i}\theta}}\right)=\sin 2\theta$$

沿正实轴方向即 $\theta=0$，$z\to 0$ 时 $\lim\limits_{z\to 0}f(z)=0$. 而沿第一象限的平分角线 $\theta=\dfrac{\pi}{4}$，$z\to 0$ 时 $\lim\limits_{z\to 0}f(z)=1$. 故 $f(z)$ 在原点无极限，从而在原点不连续.

第四节 复球面与无穷远点

复数的另一种几何表示，就是建立复平面与球面上的点的对应. 把一个球放在复平面上，球以南极 S 跟复数平面相切于复平面原点 O，通过 O 点作一垂直于 z 平面的直线与球面交于 N 点，N 称为球的北极. 在复平面上任取一点 z，它与球的北极 N 的连线跟球面相交于 $p(z)$，这样就建立起复平面上的有限远点跟球面上的点的一一对应，这个球面叫做复球面（见图 1-9）.

考察平面上一个以原点为圆心的圆周 C，在球面上对应的也是一个圆周 Γ（即纬线），当圆周 C 的半径越来越大时，圆周 Γ 就越趋于北极 N. 因此，我们可以把北极 N 与平面上的一个模为无穷大的假想点相对应，这个假想点称为无穷远点，并记为∞. 无远点的辐角没有明确意义. 复平面加上点∞后，称为扩充复平面（或闭平面，全平面），与它所对应的就是整个球面，称为复球面，原来的复平面称为开平面.

关于∞，其实部、虚部、辐角无意义，模等于$+\infty$；基本运算为（a 为有限复数）

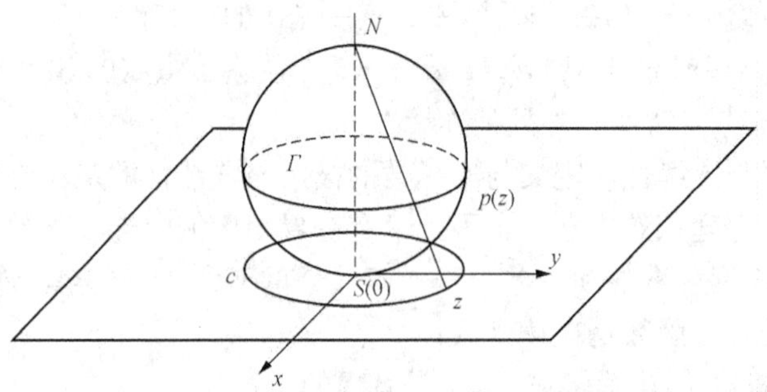

图 1-9

加法：$a+\infty=\infty+a=\infty$，$(a\neq\infty)$

减法：$\infty-a=\infty$，$a-\infty=\infty$，$(a\neq\infty)$

乘法：$a\cdot\infty=\infty\cdot a=\infty$，$(a\neq 0)$

除法：$\dfrac{a}{\infty}=0$，$\dfrac{\infty}{a}=\infty$，$(a\neq\infty)$

显然，$\infty\pm\infty$，$0\cdot\infty$，$\dfrac{\infty}{\infty}$，$\dfrac{0}{0}$无定义.

在扩充复平面上，我们可以给出关于无穷远点∞的邻域：存在某一个正数 M，称点集 $\{z||z|>M\}$ 为无穷远点的邻域，这个点集包括了∞本身.

无穷远点∞的去心邻域表示点集 $\{z|M<|z|<+\infty\}$.

习　题　一

1. 填空题

(1) 若 $z=\dfrac{(3+\mathrm{i})(2-5\mathrm{i})}{2\mathrm{i}}$，则 $\mathrm{Re}z=$____________.

(2) 设 $z=(2+\mathrm{i})(-2+\mathrm{i})$，则 $\arg z=$____________.

(3) 设 $z=\dfrac{(1-\mathrm{i})(2-\mathrm{i})(3-\mathrm{i})}{(3+\mathrm{i})(2+\mathrm{i})}$，则 $|z|=$____________.

(4) 设 $|z|=\sqrt{5}$，$\arg(z-\mathrm{i})=\dfrac{3}{4}\pi$，则 $z=$____________.

(5) 复数$\dfrac{(\cos 5\theta+\mathrm{i}\sin 5\theta)^2}{(\cos 3\theta-\mathrm{i}\sin 3\theta)^2}$的指数表示式为____________.

(6) 方程 $z^3+27=0$ 的根为____________.

(7) 以方程 $z^6=7-\sqrt{15}\mathrm{i}$ 的根对应点为顶点的多边形的面积为____________.

(8) 复变函数 $w=\dfrac{z-2}{z+1}$的实部 $u(x,y)=$____________，虚部 $v(x,y)=$____________.

(9) 方程 $\left|\dfrac{2z-1-\mathrm{i}}{2-(1-\mathrm{i})z}\right|=1$ 所表示曲线的直角坐标方程为____________.

(10) 对于映射 $w=\dfrac{\mathrm{i}}{z}$，圆周 $x^2+(y-1)^2=1$ 的像曲线为____________.

2. 单项选择题

(1) 设 $z=-3-2i$，则 $\arg z=$（　　）.

(A) $\arctan\frac{2}{3}$　　(B) $\arctan\frac{3}{2}$

(C) $\arctan\frac{2}{3}-\pi$　　(D) $\arctan\frac{2}{3}+\pi$

(2) 当 $z=\frac{1+i}{1-i}$时，$z^{100}+z^{75}+z^{50}$的值等于（　　）.

(A) i　　(B) $-i$　　(C) 1　　(D) -1

(3) 复平面上三点：$3+4i$，0，$\frac{1}{-3+4i}$，则（　　）.

(A) 三点共圆　　(B) 三点共线

(C) 三点是直角三角形顶点　　(D) 三点是正三角形顶点

(4) $e^{i\varphi}=\frac{(\cos\theta-i\sin\theta)^5}{(\cos3\theta+i\sin3\theta)^3}$，则 $\varphi=$________________.

(A) 2θ　　(B) -4θ　　(C) 4θ　　(D) -14θ

(5) 设复数 z 满足 $\arg(z+2)=\frac{\pi}{3}$，$\arg(z-2)=\frac{5}{6}\pi$，那么 $z=$（　　）.

(A) $-1+\sqrt{3}i$　　(B) $-\sqrt{3}+i$　　(C) $-\frac{1}{2}+\frac{\sqrt{3}}{2}i$　　(D) $-\frac{\sqrt{3}}{2}+\frac{1}{2}i$

(6) 若 z 为非零复数，则$|z^2-\bar{z}^2|$与 $2z\bar{z}$的关系是（　　）.

(A) $|z^2-\bar{z}^2|\geqslant 2z\bar{z}$　　(B) $|z^2-\bar{z}^2|=2z\bar{z}$

(C) $|z^2-\bar{z}^2|\leqslant 2z\bar{z}$　　(D) 不能比较大小

(7) 一个向量顺时针旋转$\frac{\pi}{3}$，向右平移 3 个单位，再向下平移 1 个单位后对应的复数为 $1-\sqrt{3}i$，则原向量对应的复数是（　　）.

(A) 2　　(B) $1+\sqrt{3}i$　　(C) $\sqrt{3}-i$　　(D) $\sqrt{3}+i$

(8) 设 z 为复数，则方程 $z+|\bar{z}|=2+i$ 的解是（　　）.

(A) $-\frac{3}{4}+i$　　(B) $\frac{3}{4}+i$　　(C) $\frac{3}{4}-i$　　(D) $-\frac{3}{4}-i$

(9) 函数 $w=\frac{1}{z}$将 z 平面上直线 $x=1$ 变成复平面上的________.

(A) 直线　　(B) 圆　　(C) 双曲线　　(D) 抛物线

(10) 极限$\lim\limits_{z\to z_0}\frac{\mathrm{Im}z-\mathrm{Im}z_0}{z-z_0}$（　　）.

(A) 等于 i　　(B) 等于$-i$　　(C) 等于 0　　(D) 不存在

3. 求出复数 $z=(-1+\sqrt{3}i)^4$ 的模和辐角.

4. 将复数 $z=1-\cos\varphi+i\sin\varphi$（$0<\varphi\leqslant\pi$）化为指数形式.

5. 将直线方程 $2x+3y=1$ 化为复数形式.

6. 求复数 $w=\frac{1+z}{1-z}(z\neq1)$ 的实部，虚部，模.

7. 若复数 z 满足 $z\bar{z}+(1-2\mathrm{i})z+(1+2\mathrm{i})\bar{z}+3=0$，试求 $|z+2|$ 的取值范围.

8. 求以下根式的值.

(1) $\sqrt[4]{-2+2\mathrm{i}}$ (2) $\sqrt[3]{\mathrm{i}}$

9. 对于映射 $w=\frac{1}{2}\left(z+\frac{1}{z}\right)$，求出圆周 $|z|=4$ 的像.

10. 证明：z 平面上的圆周可以写成：$Az\bar{z}+\beta\bar{z}+\bar{\beta}z+C=0$，其中 A，C 为实数，$A\neq 0$ 且 $|\beta|^2>AC$.

第二章 解 析 函 数

解析函数是复变函数论研究的主要对象，在理论与实际问题中有着广泛的应用. 本章首先引入复变函数的导数概念，然后讨论解析函数及解析函数与调和函数的关系，最后介绍几个常用的初等函数.

第一节 解析函数的概念

一、解析函数的定义

1. 复变函数导数概念

定义 1 设函数 $w=f(z)$ 在点 z_0 的某邻域内有定义，$z_0+\Delta z$ 也在该邻域内，若极限

$$\lim_{\Delta z\to 0}\frac{f(z_0+\Delta z)-f(z_0)}{\Delta z}$$

存在，称 $f(z)$ 在点 z_0 可导，极限值称为函数 $f(z)$ 在点 z_0 的导数，记为 $f'(z_0)$ 或 $\left.\frac{\mathrm{d}w}{\mathrm{d}z}\right|_{z=z_0}$，即

$$f'(z_0)=\left.\frac{\mathrm{d}w}{\mathrm{d}z}\right|_{z=z_0}=\lim_{\Delta z\to 0}\frac{f(z_0+\Delta z)-f(z_0)}{\Delta z}$$

称 $f'(z_0)\Delta z$ 为函数 $w=f(z)$ 在点 z_0 的微分，记为 $\mathrm{d}f|_{z=z_0}$ 或 $\mathrm{d}w|_{z=z_0}$，即

$$\mathrm{d}w|_{z=z_0}=f'(z_0)\Delta z \text{ 或 } \mathrm{d}w|_{z=z_0}=f'(z_0)\mathrm{d}z$$

因而，函数 $f(z)$ 在点 z_0 可导也称为 $f(z)$ 在点 z_0 可微.

复变函数的导数定义，形式上与高等数学中一元实变函数的导数定义是相同的，但本质上却有很大的不同. 复变函数导数定义中的极限存在要求与 Δz 趋于零的方式无关，对于复变函数的这一限制，要比对于实变函数严格得多.

例 1 求 $f(z)=z^n$ 的导数.

解 $f(z)=z^n$ 在复平面上处处有定义，对于任意的 z_0，由导数定义

$$\begin{aligned}\lim_{\Delta z\to 0}\frac{f(z_0+\Delta z)-f(z_0)}{\Delta z}&=\lim_{\Delta z\to 0}\frac{(z_0+\Delta z)^n-z_0^n}{\Delta z}\\&=\lim_{\Delta z\to 0}[nz_0^{n-1}+C_n^2z_0^{n-2}\cdot\Delta z+\cdots+(\Delta z)^{n-1}]=nz_0^{n-1}\end{aligned}$$

即 $f'(z_0)=nz_0^{n-1}$.

例 2 证明：$f(z)=\bar{z}$ 在复平面上处处连续，但处处不可导（不可微）.

证 由第一章可知 $f(z)=\bar{z}$ 在 z 平面上处处连续，但对于任意一点 z_0，有

$$\begin{aligned}\frac{f(z_0+\Delta z)-f(z_0)}{\Delta z}&=\frac{\overline{z_0+\Delta z}-\overline{z_0}}{\Delta z}\\&=\frac{\overline{z_0}+\overline{\Delta z}-\overline{z_0}}{\Delta z}=\frac{\overline{\Delta z}}{\Delta z}\end{aligned}$$

当 Δz 沿实轴方向趋于零时，上述极限为 1，而当 Δz 沿虚轴方向趋于零时，上述极限为 -1，因此上述极限不存在，即 $f(z)$ 在点 z_0 不可导，由 z_0 的任意性知 $f(z)$ 在点 z 平面上处处不可导.

与一元实函数中一样，函数 $f(z)$ 在点 z_0 可导，则 $f(z)$ 在点 z_0 连续，反之不一定成立. 但在一元实函数中，要构造一个处处连续又处处不可导的例子是非常困难的，而在复变函数中，像这样的例子却很多.

2. 解析函数及其简单性质

定义 2 如果函数 $f(z)$ 在 z_0 的一个邻域内可导，则称 $f(z)$ 在点 z_0 处解析，并称 z_0 是函数 $f(z)$ 的解析点. 若函数 $f(z)$ 在区域 D 内的每一点都可导，则称 $f(z)$ 为区域 D 内的解析函数，并把区域 D 称为 $f(z)$ 解析区域.

$f(z)$ 在闭域$\overline{D}$上解析，是指 $f(z)$ 在包含$\overline{D}$的某个区域内解析.

如果 $f(z)$ 在点 z_0 处不解析，则称此点为函数 $f(z)$ 的奇点. 如 $z=0$ 就是函数的 $w=\dfrac{1}{z}$ 奇点.

由定义可知，$f(z)$ 在区域内解析与区域内可导是等价的，但函数在一点解析和在该点可导是两个不同的概念，即在该点可导不一定在该点解析.

与一元实函数求导法则一样，解析函数也有如下性质.

定理 1 对于任意两个在 z_0 处（或在区域 D 内）解析的函数，则其和、差、积、商（分母不为零）也在 z_0 处（或在 D 内）解析，另外解析函数的复合函数也是解析函数.

因此，设多项式 $P(z)=a_nz^n+a_{n-1}z^{n-1}+\cdots+a_0\,(a_n\neq 0)$，则由本节例 1 及基本性质知，$P(z)$ 在复平面上处处解析，且 $P'(z)=na_nz^{n-1}+(n-1)a_{n-1}z^{n-2}+\cdots+a_1$.

任一有理分式函数$\dfrac{P(z)}{Q(z)}$在不含分母为零的点的区域内是解析函数，使得分母为零的点是它的奇点.

二、复变函数的解析性判定——柯西-黎曼条件

函数的解析性是由它的可导性确定的，因此我们可由函数的可导性来判别解析性，但是由例 2 可看出用导数的定义来判别可导性往往比较复杂. 下面将介绍判别可导和解析的简便方法.

设 $w=f(z)=u(x,y)+\mathrm{i}v(x,y)$，下面我们来探讨 $f(z)$ 的可导性与二元实函数 $u(x,y)$ 及 $v(x,y)$ 之间存在的关系.

若 $f(z)=u(x,y)+\mathrm{i}v(x,y)$ 在点 $z=x+\mathrm{i}y$ 可导，且设

$$\lim_{\Delta z\to 0}\frac{f(z+\Delta z)-f(z)}{\Delta z}=f'(z) \tag{2-1}$$

又设

$$\Delta z=\Delta x+\mathrm{i}\Delta y,\ f(z+\Delta z)-f(z)=\Delta u+\mathrm{i}\Delta v$$

其中

$$\Delta u=u(x+\Delta x,y+\Delta y)-u(x,y),$$
$$\Delta v=v(x+\Delta x,y+\Delta y)-v(x,y).$$

则式（2-1）变为

$$\lim_{\substack{\Delta z\to 0\\ \Delta y\to 0}}\frac{\Delta u+\mathrm{i}\Delta v}{\Delta x+\mathrm{i}\Delta y}=f'(z) \tag{2-2}$$

由于当 $\Delta z=\Delta x+\mathrm{i}\Delta y$ 不论按什么方向趋于零时，式（2-2）总是成立，因此我们可以先设 $\Delta y=0$，$\Delta x\to 0$，即点 $z+\Delta z$ 沿着平行于实轴的方向趋于点 z，则此时式(2-2)变为

$$\lim_{\Delta x\to 0}\frac{\Delta u}{\Delta x}+\mathrm{i}\lim_{\Delta x\to 0}\frac{\Delta v}{\Delta x}=f'(z)$$

由此即知$\dfrac{\partial u}{\partial x}$，$\dfrac{\partial v}{\partial x}$均存在，且有

$$\frac{\partial u}{\partial x}+\mathrm{i}\frac{\partial v}{\partial x}=f'(z) \tag{2-3}$$

同理，设 $\Delta x=0$，$\Delta y\to 0$，即点 $z+\Delta z$ 沿着平行于虚轴的方向趋于点 z，此时式（2-2）变为

$$-\mathrm{i}\lim\frac{\Delta u}{\Delta y}+\lim\frac{\Delta v}{\Delta y}=f'(z)$$

故$\dfrac{\partial u}{\partial y}$，$\dfrac{\partial v}{\partial y}$亦都存在，且有

$$-\mathrm{i}\frac{\partial u}{\partial y}+\frac{\partial v}{\partial y}=f'(z) \tag{2-4}$$

由式（2-3）和式（2-4）及复数相等性质可得

$$\frac{\partial u}{\partial x}=\frac{\partial v}{\partial y},\quad \frac{\partial u}{\partial y}=-\frac{\partial v}{\partial x} \tag{2-5}$$

式（2-5）称为柯西一黎曼条件，简称为 C—R 条件. 由此，解析函数的实部和虚部不是独立的，C—R 条件反映了实部与虚部之间的联系.

总结上述讨论，即得以下定理.

定理 2 设 $f(z)=u(x,y)+\mathrm{i}v(x,y)$ 在区域 D 内有定义，则 $f(z)$ 在 D 内一点 $z=x+\mathrm{i}y$可导（或在 D 内解析）的充要条件是

(1) $u(x, y)$，$v(x, y)$ 在点 (x, y)（或在 D 内）可微；

(2) $u(x, y)$，$v(x, y)$ 在点 (x, y)（或在 D 内）满足 C—R 条件.

当上述条件满足时，有

$$f'(z)=\frac{\partial u}{\partial x}+\mathrm{i}\frac{\partial v}{\partial x}=\frac{\partial v}{\partial y}-\mathrm{i}\frac{\partial u}{\partial y} \text{ 或 } f'(z)=\frac{\partial u}{\partial x}-\mathrm{i}\frac{\partial u}{\partial y}=\frac{\partial v}{\partial y}+\mathrm{i}\frac{\partial v}{\partial x} \tag{2-6}$$

证 (1) 必要性.

设 $f(z)$ 在 D 内一点 $z=x+\mathrm{i}y$ 可导，$f'(z)=a+b\mathrm{i}$.

令 $\Delta z=\Delta x+\mathrm{i}\Delta y, f(z+\Delta z)-f(z)=\Delta u+\mathrm{i}\Delta v$, 则

$$\begin{aligned} f(z+\Delta z)-f(z)&=\Delta u+\mathrm{i}\Delta v=f'(z)\Delta z+o(|\Delta z|)\\ &=(a+\mathrm{i}b)(\Delta x+\mathrm{i}\Delta y)+o(|\Delta z|)\\ &=a\Delta x-b\Delta y+\mathrm{i}(b\Delta x+a\Delta y)+o(|\Delta z|)(\Delta z\to 0)\end{aligned}$$

比较上式两边的实部、虚部得

$$\Delta u=a\Delta x-b\Delta y+o(|\Delta z|)\quad(\Delta z\to 0)$$
$$\Delta v=b\Delta x+a\Delta y+o(|\Delta z|)\quad(\Delta z\to 0)$$

再由实函数中二元实函数可微性的定义知，$u(x,y)$，$v(x,y)$ 在点 $z=x+\mathrm{i}y$ 可微，且满足方程

$$\frac{\partial u}{\partial x}=a=\frac{\partial v}{\partial y},\ \frac{\partial u}{\partial y}=-b=-\frac{\partial v}{\partial x}$$

（2）充分性.

将必要性的证明倒过来即可得到充分性的证明.

$f(z+\Delta z)-f(z)=\Delta u+\mathrm{i}\Delta v$，又因为 $u(x,y),v(x,y)$ 在点可微，于是

$$\Delta u=\frac{\partial u}{\partial x}\Delta x+\frac{\partial u}{\partial y}\Delta y+o(|\Delta z|),\quad \Delta v=\frac{\partial v}{\partial x}\Delta x+\frac{\partial v}{\partial y}\Delta y+o(|\Delta z|)$$

因此

$$\begin{aligned}f(z+\Delta z)-f(z)&=\Delta u+\mathrm{i}\Delta v\\&=\left(\frac{\partial u}{\partial x}+\mathrm{i}\frac{\partial v}{\partial x}\right)\Delta x+\left(\frac{\partial u}{\partial y}+\mathrm{i}\frac{\partial v}{\partial y}\right)\Delta y+o(|\Delta z|)\end{aligned}\tag{2-7}$$

由柯西-黎曼方程$\frac{\partial u}{\partial x}=\frac{\partial v}{\partial y}$，$\frac{\partial u}{\partial y}=\frac{\partial v}{\partial x}$，式（2-7）中

$$\left(\frac{\partial u}{\partial y}+\mathrm{i}\frac{\partial v}{\partial y}\right)\Delta y=\left(\frac{\partial v}{\partial y}-\mathrm{i}\frac{\partial u}{\partial y}\right)\Delta y=\left(\frac{\partial u}{\partial x}+\mathrm{i}\frac{\partial v}{\partial x}\right)\Delta y$$

所以

$$\begin{aligned}f(z+\Delta z)-f(z)&=\left(\frac{\partial u}{\partial x}+\mathrm{i}\frac{\partial v}{\partial x}\right)(\Delta x+\mathrm{i}\Delta y)+o(|\Delta z|)\\&=\left(\frac{\partial u}{\partial x}+\mathrm{i}\frac{\partial v}{\partial x}\right)\Delta z+o(|\Delta z|)\end{aligned}$$

$f'(z)=\lim\limits_{\Delta z\to 0}\dfrac{f(z+\Delta z)-f(z)}{\Delta z}=\dfrac{\partial u}{\partial x}+\mathrm{i}\dfrac{\partial v}{\partial x}$. 即函数 $f(z)=u(x,y)+\mathrm{i}v(x,y)$ 在点 $z=x+\mathrm{i}y$ 处可导.

由高等数学知识可知，若二元函数 $u(x,y)$ 在点 (x,y) 处具有连续偏导数，则在该点可微，因此我们得到以下推论.

推论 设 $f(z)=u(x,y)+\mathrm{i}v(x,y)$ 在点 $z=x+\mathrm{i}y$ 的邻域内（区域 D 内）有定义且满足

（1）u_x，u_y，v_x，v_y 在点 (x,y)（或在 D 内）连续；

（2）$u(x,y),v(x,y)$ 在点 (x,y)（或在 D 内）满足 C－R 条件.

则 $f(z)$ 在 D 内一点 $z=x+\mathrm{i}y$ 可导（或在 D 内解析）.

例 3 判断下列函数在何处可导，何处解析.

（1）$f(z)=|z|^2$；（2）$f(z)=xy^2+\mathrm{i}x^2y$；（3）$f(z)=x^2+\mathrm{i}y^2$.

解 （1）$\because u(x,y)=x^2+y^2,v(x,y)\equiv 0\quad \therefore u_x=2x,u_y=2y,v_x\equiv v_y\equiv 0$，这四个偏导数显然处处连续，$u(x,y)$，$v(x,y)$ 只在 $z=0$ 处满足 C－R 条件，故 $f(z)$ 只在 $z=0$ 可导，因此 $f(z)$ 在 z 平面上处处不解析.

（2）显然 $u(x,y)=xy^2,v(x,y)=x^2y$，则 $u_x=y^2$，$u_y=2xy$，$v_x=2xy$，$v_y=x^2$，这四个偏导数显然处处连续，仅在点 $(0,0)$ 满足 C－R 条件，因此，故 $f(z)$ 只在 $z=0$ 可导，因此 $f(z)$ 在 z 平面上处处不解析.

（3）显然 $u(x,y)=x^2,v(x,y)=y^2,u_x=2x,u_y=0,v_x=0,v_y=2y$，这四个偏导数在平面上处处连续，当且仅当 $y=x$ 时满足 C－R 条件，因此，故 $f(z)$ 只在 $y=x$ 可导，因此 $f(z)$ 在 z 平面上处处不解析.

例 4 试证 $f(z)=e^x(\cos y+i\sin y)$ 在 z 平面上处处解析，且 $f'(z)=f(z)$.

证 ∵ $u(x,y)=e^x\cos y$，$v(x,y)=e^x\sin y$，

∴ $u_x=e^x\cos y$，$u_y=-e^x\sin y$，

$v_x=e^x\sin y$，$v_y=e^x\cos y$.

$u(x,y)$,$v(x,y)$ 在 z 平面上处处可导，且满足 C－R 条件，故 $f(z)$ 在 z 平面上处处解析. 且

$$f'(z)=u_x+iv_x=e^x\cos y+ie^x\sin y=f(z)$$

这个函数就是后面学到的复指数函数.

例 5 证明：若 $f'(z)$ 在区域 D 内处处为 0，那么函数 $f(z)$ 在 D 内为一常数.

证 由于

$$\begin{aligned}f'(z)&=\frac{\partial u}{\partial x}+i\frac{\partial v}{\partial x}\\&=\frac{\partial v}{\partial y}-i\frac{\partial u}{\partial y}=0\end{aligned}$$

因此，u，v 均为常数，从而 $f(z)$ 在 D 内为一常数.

第二节 解析函数与调和函数的关系

调和函数在数学及物理学中有着极其重要的应用，它与某种解析函数有着密切的联系. 本节我们主要讨论解析函数与调和函数的关系，并给出如何由调和函数来构造解析函数的方法.

定义 1 如果二元实函数 $\varphi(x,y)$ 在区域 D 内有二阶连续偏导数，且满足拉普拉斯方程

$$\frac{\partial^2\varphi}{\partial x^2}+\frac{\partial^2\varphi}{\partial y^2}=0$$

则称 $\varphi(x,y)$ 为区域 D 内的调和函数.

在第三章我们会证明解析函数具有任意阶的导数，因此，在区域 D 内它的实部 u 与虚部 v 都有二阶连续偏导数，因此根据 C－R 条件

$$\frac{\partial u}{\partial x}=\frac{\partial v}{\partial y},\quad \frac{\partial u}{\partial y}=-\frac{\partial v}{\partial x}$$

得

$$\frac{\partial^2 u}{\partial x^2}=\frac{\partial^2 v}{\partial y\partial x},\quad \frac{\partial^2 u}{\partial y^2}=-\frac{\partial^2 v}{\partial y\partial x}$$

因 $\frac{\partial^2 v}{\partial x\partial y}$ 及 $\frac{\partial^2 v}{\partial y\partial x}$ 在 D 内连续，它们必定相等，故在 D 内有

$$\frac{\partial^2 u}{\partial x^2}+\frac{\partial^2 u}{\partial y^2}=0$$

同理，在 D 内有

$$\frac{\partial^2 v}{\partial x^2}+\frac{\partial^2 v}{\partial y^2}=0$$

即 u 及 v 在 D 内满足拉普拉斯（Laplace）方程，均为调和函数，从而我们有结论.

定理 1 设函数 $f(z)=u(x,y)+\mathrm{i}v(x,y)$ 在区域 D 内解析，则 $u(x,y)$，$v(x,y)$ 均为区域 D 内的调和函数.

定义 2 $u(x,y)$，$v(x,y)$ 是区域 D 内的两个调和函数，并且在区域 D 内满足 C−R条件

$$\frac{\partial u}{\partial x}=\frac{\partial v}{\partial y},\quad \frac{\partial u}{\partial y}=-\frac{\partial v}{\partial x}$$

则 $v(x,y)$ 称为 $u(x,y)$ 的共轭调和函数.

以定义 2 及上节定理 2，可以得到下面的定理.

定理 2 $f(z)=u(x,y)+\mathrm{i}v(x,y)$ 在区域 D 内解析，当且仅当在区域 D 内 $v(x,y)$ 为 $u(x,y)$ 的共轭调和函数.

思考题：

(1) “v 是 u 的共轭调和函数”，其中 v，u 是否可以交换顺序？

(2) 如果 v 是 u 的共轭调和函数，那么 v 的共轭调和函数是什么？

例 1 证明：如果 $f(z)$ 在区域 D 内解析，试求 $\overline{\mathrm{i}\overline{f(z)}}$ 在区域 D 内也解析.

证 设 $f=u+\mathrm{i}v, g=\overline{\mathrm{i}\overline{f}}=p+\mathrm{i}q$，则 $\overline{f}=u-\mathrm{i}v$，$g=v-\mathrm{i}u$，由 $f(z)$ 在 D 内解析知 $u_x=v_y$，$u_y=-v_x$，从而

$$p_x=v_x=-u_y=q_y,\quad p_y=v_y=u_x=-q_x$$

q 是 p 的共轭调和函数，因而 $g(z)$ 亦在 D 内解析.

根据上面的讨论，如果 u，v 是任意选取的在区域 D 内的两个调和函数，则 $u+\mathrm{i}v$ 在 D 内就不一定解析. 要想使 $u+\mathrm{i}v$ 在区域 D 内解析，u 及 v 还必须满足 C−R 条件，即 v 必须是 u 的共轭调和函数. 如已知一个调和函数 $u(x,y)$ [或 $v(x,y)$] 就可以利用 C−R 条件求出调和函数 $v(x,y)$ [或 $u(x,y)$]，从而得到一个解析函数 $f(z)=u(x,y)+\mathrm{i}v(x,y)$.

例 2 验证 $u(x,y)=x^3-3xy^2$ 是 z 平面上的调和函数，并求以 $u(x,y)$ 为实部的解析函数 $f(z)$，且满足 $f(0)=\mathrm{i}$.

解 因在 z 平面上任一点 $u_x=3x^2-3y^2$，$u_y=-6xy$，$u_{xx}=6x$，$u_{yy}=-6x$，故 $u(x,y)$ 在 z 平面上为调和函数. 下面求 $v(x,y)$.

解法一（偏积分法） 先由 C−R 条件中的$\frac{\partial u}{\partial x}=\frac{\partial v}{\partial y}$，得

$$v_y=u_x=3x^2-3y^2$$

故

$$\begin{aligned} v&=\int(3x^2-3y^2)\mathrm{d}y \\ &=3x^2y-y^3+\varphi(x). \end{aligned}$$

再由 C−R 条件中的$\frac{\partial u}{\partial y}=-\frac{\partial v}{\partial x}$，得

$$v_x=6xy+\varphi'(x)=-u_y=6xy$$

$\varphi'(x)=0$ 即 $\varphi(x)=C$. 因此

$$v(x,y)=3x^2y-y^3+C$$

$$\begin{aligned} f(z)=u+\mathrm{i}v&=x^3-3xy^2 \\ &+\mathrm{i}(3x^2y-y^3+C) \end{aligned}$$

$$= (x+\mathrm{i}y)^3 + \mathrm{i}C = z^3 + \mathrm{i}C$$

$\because f(0)=\mathrm{i}$,

$\therefore f(z)=z^3+\mathrm{i}$.

解法二（不定积分法）由于 $f'(z)=\dfrac{\partial u}{\partial x}-\mathrm{i}\dfrac{\partial u}{\partial y}$，于是

$$f'(z) = 3x^2 - 3y^2 + \mathrm{i}6xy = 3z^2$$

$$f(z) = \int f'(z)\mathrm{d}z = z^3 + C$$

$\because f(0)=\mathrm{i}$，　　$\therefore f(z)=z^3+\mathrm{i}$.

求 $u(x,y)$ 的共轭调和函数除了上述两种方法，还可以利用曲线积分来计算.

假设 $u(x,y)$ 是单连通区域 D 内的调和函数，由 C－R 条件可知函数 $u(x,y)$ 确定了其共轭调和函数 $v(x,y)$ 的全微分，即

$$\mathrm{d}v = \frac{\partial v}{\partial x}\mathrm{d}x + \frac{\partial v}{\partial y}\mathrm{d}y$$

$$= -\frac{\partial u}{\partial y}\mathrm{d}x + \frac{\partial u}{\partial x}\mathrm{d}y$$

由于 D 为单连通区域时，第二类曲线积分 $\int_c -\dfrac{\partial u}{\partial y}\mathrm{d}x+\dfrac{\partial u}{\partial x}\mathrm{d}y$ 与积分路径无关，从而 $v(x,y)$ 可表示为 $v(x,y)=\int_{(x_0,y_0)}^{(x,y)} -\dfrac{\partial u}{\partial y}\mathrm{d}x+\dfrac{\partial u}{\partial x}\mathrm{d}y+C$，其中，$(x_0,y_0)$ 为 D 内一定点，C 为任意常数.

下面用曲线积分法来解例 1.

解法三（线积分法）

积分路径如图 2－1 所示

$$\begin{aligned}
v(x,y) &= \int_{(x_0,y_0)}^{(x,y)} -\frac{\partial u}{\partial y}\mathrm{d}x + \frac{\partial u}{\partial x}\mathrm{d}y + C \\
&= \int_{(0,0)}^{(x,y)} 6xy\mathrm{d}x + (3x^2-3y^2)\mathrm{d}y + C \\
&= \int_{(0,0)}^{(x,0)} 6xy\mathrm{d}x + (3x^2-3y^2)\mathrm{d}y + \int_{(x,0)}^{(x,y)} 6xy\mathrm{d}x \\
&\quad + (3x^2-3y^2)\mathrm{d}y + C \\
&= \int_0^y (3x^2-3y^2)\mathrm{d}y + C \\
&= 3x^2y - y^3 + C
\end{aligned}$$

$$\begin{aligned}
f(z) &= u + \mathrm{i}v = x^3 - 3xy^2 \\
&\quad + \mathrm{i}(3x^2y - y^3 + C) \\
&= (x+\mathrm{i}y)^3 + \mathrm{i}C = z^3 + \mathrm{i}C
\end{aligned}$$

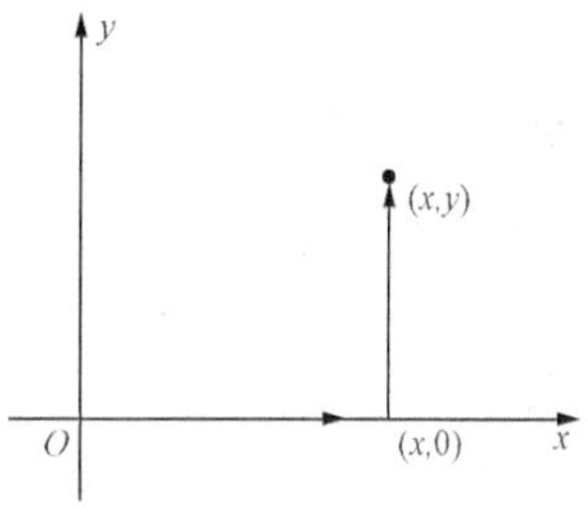

图 2－1

因为 $f(0)=\mathrm{i}$，故 $f(z)=z^3+\mathrm{i}$.

第三节 初等解析函数

本节将介绍复变函数的基本初等函数. 表面上看除了自变量为复变量外，这些基本初等函数与实函数形式完全类似，特殊情况 $z=x$ 时，两者完全相等. 但实际上，基本初等复变函数与实变函数有很大的不同，比较掌握两者的异同，对于这部分的学习有事半功倍的作用.

一、指数函数

定义 1 对于任意复数 $z=x+\mathrm{i}y$，则规定

$$\mathrm{e}^z=\mathrm{e}^{x+\mathrm{i}y}=\mathrm{e}^x(\cos y+\mathrm{i}\sin y) \tag{2-8}$$

为复指数函数.

在关系式（2-8）中，当 $x=0$ 时就得到欧拉公式

$$\mathrm{e}^{\mathrm{i}y}=\cos y+\mathrm{i}\sin y$$

即复指数函数定义是欧拉公式的推广.

可以证明，复指数函数 e^z 具有以下基本性质.

（1）当 $z=x$（$y=0$，x 为实数）时，则 $\mathrm{e}^z=\mathrm{e}^x$ 即为通常的实指数函数.

（2）$|\mathrm{e}^z|=\mathrm{e}^x>0$（故 $\mathrm{e}^z\neq0$），$\mathrm{Arg}\,\mathrm{e}^z=y+2k\pi$，$k$ 为任意整数.

（3）e^z 在平面上解析，且 $(\mathrm{e}^z)'=\mathrm{e}^z$（见本章第一节例 5）.

（4）加法定理成立，即 $\mathrm{e}^{z_1+z_2}=\mathrm{e}^{z_1}\cdot\mathrm{e}^{z_2}$.

（5）e^z 以 $2\pi\mathrm{i}$ 为基本周期.

事实上，对任意整数，$\mathrm{e}^{z+2k\pi\mathrm{i}}=\mathrm{e}^z\cdot\mathrm{e}^{2k\pi\mathrm{i}}=\mathrm{e}^z$.

（6）$\lim\limits_{z\to\infty}\mathrm{e}^z$ 不存在.

因为当 z 沿实轴趋于 $+\infty$ 时，$\mathrm{e}^z\to\infty$，当 z 沿实轴趋于 $-\infty$ 时，$\mathrm{e}^z\to0$，从而 $\lim\limits_{z\to\infty}\mathrm{e}^z$ 不存在.

二、对数函数

定义 2 对数函数定义为指数函数的反函数，即满足方程

$$\mathrm{e}^w=z\quad(z\neq0)$$

的函数 $w=f(z)$ 称为 z 的对数函数，记为 $w=\mathrm{Ln}z$.

设 $w=u+\mathrm{i}v$，$z=r\mathrm{e}^{\mathrm{i}\theta}$，则 $\mathrm{e}^{u+\mathrm{i}v}=r\mathrm{e}^{\mathrm{i}\theta}$，于是

$$\mathrm{e}^u=r\quad\text{即}\quad u=\ln r,v=\theta+2k\pi(k\text{ 为整数})$$

或

$$u=\ln|z|,\quad v=\mathrm{Arg}z$$

所以

$$\begin{aligned}w&=\mathrm{Ln}z=\ln|z|+\mathrm{i}\mathrm{Arg}z\\&=\ln|z|+\mathrm{i}(\arg z+2k\pi)\qquad(k=0,\pm1,\cdots).\end{aligned}$$

由于 $\mathrm{Arg}z=\arg z+2k\pi$，（$k=0$，$\pm1$，$\pm2$，…）是无穷多值的，所以 $w=\mathrm{Ln}z$ 也是无穷多值函数. 相应于 $\mathrm{Arg}z$ 的主值 $\arg z$，我们将 $\ln|z|+\mathrm{i}\arg z$ 称为 $\mathrm{Ln}z$ 的主值，记为 $\ln z$，它是单值函数，即

$$\ln z=\ln|z|+\mathrm{i}\arg z$$

对应于每一个整数 k 的 w 值称为 $\mathrm{Ln}z$ 的一个分支，可表示为

$$\mathrm{Ln}z=\ln|z|+\mathrm{i}\mathrm{Arg}z=\ln|z|+\mathrm{i}\arg z+2k\pi\mathrm{i}$$

$$= \ln z + 2k\pi\mathrm{i} \quad (k = 0, \pm 1, \pm 2, \cdots)$$

所以，任何不为零的复数，都有无穷多个对数，其中任意两个相差 $2\pi\mathrm{i}$ 的整数倍. 如果 z 是正实数，则 $\mathrm{Ln}z$ 的主值 $\ln z=\ln x$ 就是实变数中所讨论的对数.

关于积与商的对数，有下列法则.

设 z_1 与 z_2 是两个不为零的复数，则

$$\begin{aligned}\mathrm{Ln}(z_1z_2) &= \ln|z_1z_2| + \mathrm{i}\,\mathrm{Arg}(z_1z_2)\\ &= \ln|z_1| + \ln|z_2| + \mathrm{i}(\mathrm{Arg}z_1 + \mathrm{Arg}z_2)\\ &= \mathrm{Ln}z_1 + \mathrm{Ln}z_2\end{aligned}$$

以及

$$\mathrm{Ln}\frac{z_1}{z_2} = \mathrm{Ln}z_1 - \mathrm{Ln}z_2 \quad (z_2 \neq 0).$$

思考题：$\mathrm{Ln}z^n = n\mathrm{Ln}z$，$\mathrm{Ln}\sqrt[n]{z} = \frac{1}{n}\mathrm{Ln}z$ 是否成立？

例 1 求下列各式的值：$\ln(-1)$，$\mathrm{Ln}(-1)$，$\ln\mathrm{i}$，$\mathrm{Ln}\mathrm{i}$，$\mathrm{Ln}(\mathrm{e}^{\mathrm{i}})$，$\mathrm{Ln}(1+\sqrt{3}\mathrm{i})$.

解 因为 -1 的模等于 1，而其辐角的主值等于 π，所以 $\ln(-1) = \ln 1 + \pi\mathrm{i} = \pi\mathrm{i}$,

$$\mathrm{Ln}(-1) = \pi\mathrm{i} + 2k\pi\mathrm{i} = (2k+1)\pi\mathrm{i} \quad (k = 0, \pm 1, \pm 2, \cdots)$$

因为 i 的模等于 1，而其辐角的主值等于 $\frac{\pi}{2}$，所以 $\ln\mathrm{i} = \ln 1 + \frac{\pi}{2}\mathrm{i} = \frac{\pi}{2}\mathrm{i}$,

$$\mathrm{Ln}\mathrm{i} = \frac{\pi}{2}\mathrm{i} + 2k\pi\mathrm{i} \quad (k = 0, \pm 1, \pm 2, \cdots).$$

$$\mathrm{Ln}(\mathrm{e}^{\mathrm{i}}) = \ln 1 + \mathrm{i} + 2k\pi\mathrm{i} = \mathrm{i} + 2k\pi\mathrm{i} = (1 + 2k\pi)\mathrm{i}.$$

$$\begin{aligned}\mathrm{Ln}(1+\sqrt{3}\mathrm{i}) &= \ln\left|1+\sqrt{3}\mathrm{i}\right| + \mathrm{i}\,\mathrm{Arg}(1+\sqrt{3}\mathrm{i})\\ &= \ln 2 + \mathrm{i}(\arctan\sqrt{3} + 2k\pi)\\ &= \ln 2 + \mathrm{i}\left(\frac{\pi}{3} + 2k\pi\right) \quad (k = 0, \pm 1, \pm 2, \cdots).\end{aligned}$$

比较实变函数的对数函数与复变函数的对数函数，我们发现它们有两点不同：第一，实变函数的对数函数的定义域仅是正实数的全体，而复变函数的对数函数的定义域是除了 $z=0$ 外的全体复数；第二，实变函数的对数函数是单值函数，而复变函数的对数函数是无穷多值的函数.

现在来讨论对数函数的解析性，就主值 $\ln z$ 来讲，其中 $\ln|z|$ 除原点外在其他点都是连续的. 关于 $\arg z$ 的连续性，由于对它的取值范围规定为：$-\pi < \arg z \leqslant \pi$，可知 $\arg z$ 在原点与负实轴上都不连续（它在原点无定义，当然在这点不连续）.

事实上，若设 $z=x+\mathrm{i}y$，则当 $x<0$ 时

$$\lim_{y\to 0^-}\arg z = \lim_{y\to 0^-}\left(\arctan\frac{y}{x} - \pi\right) = -\pi, \quad \lim_{y\to 0^+}\arg z = \lim_{y\to 0^-}\left(\arctan\frac{y}{x} + \pi\right) = \pi$$

所以，除在原点与负实轴，在复平面内其他点 $\ln z$ 处处连续. 综上所述，$z=\mathrm{e}^w$ 在区域 $-\pi < v = \arg z < \pi$ 内的反函数 $w = \ln z$ 是单值连续的，由反函数的求导法则可知

$$\frac{\mathrm{d}\ln z}{\mathrm{d}z} = \frac{1}{\dfrac{\mathrm{d}\mathrm{e}^w}{\mathrm{d}w}} = \frac{1}{z}$$

所以，$\ln z$ 在除去原点及负实轴的平面内解析.

由于 $\mathrm{Ln}z$ 的每一个单值连续分支与 $\ln z$ 只相差一个复常数，因此它的每个分支也在除去原点及负实轴的复平面内解析，且

$$(\mathrm{Ln}z)' = (\ln z + 2k\pi\mathrm{i})' = \frac{1}{z}$$

三、幂函数

定义 3 设 α 是任意复数，对于 $z\neq 0$，定义 z 的 α 次幂函数是

$$w = z^{\alpha} = \mathrm{e}^{\alpha\mathrm{Ln}z}$$

当 α 是正实数且 $z=0$ 时，规定 $z^{\alpha}=0$.

当 z 为正实变数，α 为整数时，它与微积分中乘幂的定义一致. 而 z 为复变数，α 为复数时，根据对数定义

$$w = z^{\alpha} = \mathrm{e}^{\alpha\mathrm{Ln}z} = \mathrm{e}^{\alpha(\ln z+2k\pi\mathrm{i})} = \mathrm{e}^{\alpha\ln z}\cdot\mathrm{e}^{\alpha\cdot 2k\pi\mathrm{i}}\,(k=0,\pm1,\pm2,\cdots) \tag{2-9}$$

由于 $\mathrm{Ln}z$ 的多值性，所以 z^{α} 也是多值的，$\mathrm{e}^{\alpha\ln z}$ 称为 z^{α} 的主值.

下面讨论幂函数的解析性.

z^n（n 为正整数）是全平面内的解析函数，当 n 为负整数，要除去原点.

由于 $\mathrm{Ln}z$ 的每一个单值连续分支在除去原点及负实轴的平面内是解析的，得到 z^{α} 的每个单值连续分支也在除去原点及负实轴的复平面内是解析的，并且它的导数可按复合函数求导法则求出，有

$$(z^{\alpha})' = (\mathrm{e}^{\alpha\mathrm{Ln}z})' = \mathrm{e}^{\alpha\mathrm{Ln}z}\cdot\alpha\cdot\frac{1}{z} = \alpha z^{\alpha-1}$$

例 2 解下列各方程.

（1）$\ln z=\frac{\pi}{2}\mathrm{i}$；（2）$\ln z=1+\pi\mathrm{i}$.

解 （1）$\ln z=\frac{\pi}{2}\mathrm{i}$，$z=\mathrm{e}^{\frac{\pi}{2}\mathrm{i}}=\mathrm{e}^{0}\left(\cos\frac{\pi}{2}+\mathrm{i}\sin\frac{\pi}{2}\right)=\mathrm{i}$.

（2）$\ln z=1+\pi\mathrm{i}$，$z=\mathrm{e}^{1+\pi\mathrm{i}}=\mathrm{e}\,(\cos\pi+\mathrm{i}\sin\pi)=-\mathrm{e}$.

例 3 求 $1^{\sqrt{2}}$ 和 i^{i} 的值.

解 $1^{\sqrt{2}}=\mathrm{e}^{\sqrt{2}\mathrm{Ln}1}=\mathrm{e}^{2k\pi\mathrm{i}\sqrt{2}}=\cos(2k\pi\sqrt{2})+\mathrm{i}\sin(2k\pi\sqrt{2})$ （$k=0$，±1，$\cdots$）.

$\mathrm{i}^{\mathrm{i}}=\mathrm{e}^{\mathrm{i}\mathrm{Ln}\mathrm{i}}=\mathrm{e}^{\mathrm{i}(\ln\mathrm{i}+2k\pi\mathrm{i})}=\mathrm{e}^{\mathrm{i}(\frac{\pi}{2}\mathrm{i}+2k\pi\mathrm{i})}=\mathrm{e}^{-(\frac{\pi}{2}+2k\pi)}$ （$k=0$，±1，$\cdots$）.

由此可见，i^{i} 的值都是正实数，它的主值为 $\mathrm{e}^{-\frac{\pi}{2}}$.

四、三角函数

由式（2-8），当 $x=0$ 时，有 $\mathrm{e}^{\mathrm{i}y}=\cos y+\mathrm{i}\sin y$，$\mathrm{e}^{-\mathrm{i}y}=\cos y-\mathrm{i}\sin y$.

从而有
$$\sin y=\frac{\mathrm{e}^{\mathrm{i}y}-\mathrm{e}^{-\mathrm{i}y}}{2\mathrm{i}},\quad \cos y=\frac{\mathrm{e}^{\mathrm{i}y}+\mathrm{e}^{-\mathrm{i}y}}{2}.$$

据此，我们给出复三角函数的定义如下.

定义 4 规定 $\sin z=\frac{\mathrm{e}^{\mathrm{i}z}-\mathrm{e}^{-\mathrm{i}z}}{2\mathrm{i}}$，$\cos z=\frac{\mathrm{e}^{\mathrm{i}z}+\mathrm{e}^{-\mathrm{i}z}}{2}$ 为复数 z 的正弦函数和余弦函数.

容易验证，这种定义的正弦和余弦函数具有如下性质.

（1）当 z 为实数时，与通常的实正弦和余弦函数一致.

（2）它们都在 z 平面上解析，且 $(\sin z)'=\cos z$，$(\cos z)'=-\sin z$.

（3）$\sin z$ 是奇函数，$\cos z$ 是偶函数，且通常的三角恒等式亦成立，如

$$\sin^2 z + \cos^2 z = 1$$
$$\sin(z_1 + z_2) = \sin z_1 \cos z_2 + \cos z_1 \sin z_2$$
$$\cos(z_1 + z_2) = \cos z_1 \cos z_2 - \sin z_1 \sin z_2$$

等.

例如，$\sin^2 z+\cos^2 z=\left(\frac{e^{iz}-e^{-iz}}{2i}\right)^2+\left(\frac{e^{iz}+e^{-iz}}{2}\right)^2$

$$=-\frac{1}{4}\ (e^{2iz}-2+e^{-2iz})\ +\frac{1}{4}\ (e^{2iz}+2+e^{-2iz})\ =1$$

(4) $\sin z$ 及 $\cos z$ 均以 2π 为基本周期.

$$\sin(z+2\pi) = \frac{e^{i(z+2\pi)} - e^{-i(z+2\pi)}}{2i} = \frac{e^{iz} \cdot e^{2\pi i} - e^{-iz} \cdot e^{-2\pi i}}{2i} = \frac{e^{iz} - e^{-iz}}{2i} = \sin z$$

同理可证 $(\cos z+2\pi)=\cos z$.

(5) $\sin z$ 的零点（即 $\sin z=0$ 的根）为 $z=n\pi$（$n=0$，±1，…），$\cos z$ 的零点为 $z=\left(n+\frac{1}{2}\right)\pi$（$n=0$，$\pm1$，…）.

(6) 在复数域内，不等式 $|\sin z|\leqslant1$，$|\cos z|\leqslant1$ 不成立.

例如，取 $z=iy$（$y>0$），则 $\cos z=\cos iy=\frac{e^{i(iy)}+e^{-i(iy)}}{2}=\frac{e^{-y}+e^{y}}{2}>\frac{e^{y}}{2}$，当 $y\to+\infty$ 时，$\frac{e^{y}}{2}\to+\infty$，故 $|\cos z|\leqslant1$ 不成立.

例 4 证明：对任意复数 z，若 $\sin(z+w)=\sin z$，则必有 $w=2k\pi$（k 为整数）.

证 ∵ $\sin(z+w)=\sin z$，∴ $\sin(z+w)-\sin z=0$.

即有 $2\sin\frac{w}{2}\cos\left(z+\frac{w}{2}\right)=0$，从而 $\sin\frac{w}{2}=0$ 或 $\cos\left(z+\frac{w}{2}\right)=0$.

由定义 4 中的性质（5）知 $\frac{w}{2}=k\pi$ 或 $z+\frac{w}{2}=\left(k+\frac{1}{2}\right)\pi$，由于 z 任意性，故推得 $w=2k\pi$（k 为整数）. 与实三角函数一样，我们可定义其他的复三角函数.

定义 5 规定

$$\tan z = \frac{\sin z}{\cos z},\quad \cot z = \frac{\cos z}{\sin z},\quad \sec z = \frac{1}{\cos z},\quad \csc z = \frac{1}{\sin z}$$

为复数 z 的正切、余切、正割、余割函数.

这四个函数均在 z 平面上除分母为零的点外解析，且

$$(\tan z)' = \sec^2 z \quad (\cot z)' = -\csc^2 z$$
$$(\sec z)' = \sec z\tan z \quad (\csc z)^2 = -\csc z\cot z$$

正切、余切的基本周期为 π，正割、余割的基本周期为 2π.

五、反三角函数

定义 6 反正切函数 $w=\text{Arctan}z$ 规定为方程 $z=\tan w$ 的根的全体.

它与对数函数有如下关系

$$\frac{e^{iw}-e^{-iw}}{e^{iw}+e^{-iw}}=\frac{iz}{1}\Rightarrow\frac{2e^{iw}}{2e^{-iw}}=\frac{1+iz}{1-iz}$$
$$\Rightarrow 2iw=\mathrm{Ln}\frac{1+iz}{1-iz}\Rightarrow w=\frac{1}{2i}\mathrm{Ln}\frac{1+iz}{1-iz}$$

即

$$\mathrm{Arctan}z=\frac{1}{2i}\mathrm{Ln}\frac{1+iz}{1-iz}$$

例 5 求 Arctan1.

解 $\mathrm{Arctan}1=\frac{1}{2i}\mathrm{Ln}\frac{1+i}{1-i}=\frac{1}{2i}\mathrm{Ln}i=\frac{1}{2i}\left[i\left(\frac{\pi}{2}+2k\pi\right)\right]=\frac{\pi}{4}+k\pi(k\in Z)$.

类似可以定义反正弦函数 $w=\mathrm{Arcsin}z$ 为方程 $\sin w=z$ 的全体根，反余弦 $w=\mathrm{Arccos}z$ 规定为方程 $\cos w=z$ 的全体根，且不难得到

$$\mathrm{Arcsin}z=\frac{1}{i}\mathrm{Ln}(iz+\sqrt{1-z^2}),\quad \mathrm{Arccos}z=\frac{1}{i}\mathrm{Ln}(z+\sqrt{1-z^2})$$

其中 $\sqrt{1-z^2}$ 表示双值函数.

例 6 求 Arcsin2.

解 $\mathrm{Arcsin}2=\frac{1}{i}\mathrm{Ln}(2i\pm\sqrt{3}i)=\frac{1}{i}\left[\ln(2\pm\sqrt{3})+i\left(\frac{\pi}{2}+2k\pi\right)\right]$

$$=\frac{\pi}{2}+2k\pi-i\ln(2\pm\sqrt{3})$$

习　题　二

1. 填空题

(1) 函数 $f(z)=u+iv$ 在 $z_0=x_0+iy_0$ 点连续是 $f(z)$ 在该点解析的________条件.

(2) 设 $f(z)=x^3+y^3+ix^2y^2$，则 $f'(0)=$________.

(3) 函数 $f(z)=z\mathrm{Im}z-\mathrm{Re}z$ 仅在点 $z=$________处可导.

(4) 设 $f(z)=\frac{1}{5}z^5-(1+i)z$，则方程 $f'(z)=0$ 的所有根为________.

(5) 调和函数 $\varphi(x,y)=xy$ 的共轭调和函数为________.

(6) 若函数 $u(x,y)=x^3+axy^2$ 为某一解析函数的虚部，则常数 $a=$________.

(7) 设 $u(x,y)$ 的共轭调和函数为 $v(x,y)$，那么 $v(x,y)$ 的共轭调和函数为________.

(8) 复数 i^i 的模为________.

(9) $\mathrm{Im}\{\ln(3-4i)\}=$________.

(10) 设 $e^z=-3+4i$，则 $\mathrm{Re}(iz)=$________.

2. 单项选择题

(1) 下列说法正确的是（　　）.

(A) $f(z)$ 在 z_0 可导的充要条件是 $f(z)$ 在 z_0 处解析

(B) $f(z)$ 在 z_0 可导的充要条件是 u，v 在 z_0 处偏导数连续且满足 C-R 条件

(C) $f(z)$ 在 z_0 可导的充要条件是 $f(z)$ 在 z_0 处连续

(D) $f(z)$ 在 z_0 可导的充要条件是 u，v 在 z_0 处可微且满足 C-R 条件

(2) 函数 $f(z)=3|z|^2$ 在点 $z=0$ 处是（　　）.

(A) 解析的　　(B) 可导的

(C) 不可导的　　(D) 既不解析也不可导

(3) 下列函数中，为解析函数的是（　　）.

(A) x^2-y^2-2xyi

(B) x^2+xyi

(C) $2(x-1)y+i(y^2-x^2+2x)$

(D) $x^3+iy^3x^3+iy^3$

(4) 若函数 $f(z)=x^2+2xy-y^2+i(y^2+axy-x^2)$ 在复平面内处处解析，那么实常数 $a=$（　　）.

(A) 0　　(B) 1　　(C) 2　　(D) -2

(5) 设 $v(x,y)$ 在区域 D 内为 $u(x,y)$ 的共轭调和函数，则下列函数中为 D 内解析函数的是（　　）.

(A) $v(x,y)+iu(x,y)$　　(B) $v(x,y)-iu(x,y)$

(C) $u(x,y)-iv(x,y)$　　(D) $\frac{\partial u}{\partial x}-i\frac{\partial v}{\partial x}$

(6) 设 $z=x+iy$，则 $|e^{z^2}|=$____________.

(A) $e^{|z|^2}$　　(B) $e^{|x^2-y^2|}$　　(C) $e^{x^2-y^2}$　　(D) $|e^{x^2-y^2}|$

(7) 复数 $z=i^i$，其辐角主值 $\arg z=$______________.

(A) $-\frac{\pi}{2}$　　(B) $\frac{\pi}{2}$　　(C) π　　(D) 0

(8) 设 $f(z)=\sin z$，则下列命题中错误的是（　　）.

(A) $f(z)$ 在复平面内处处解析　　(B) $f(z)$ 以 2π 为周期

(C) $f(z)=\frac{e^{iz}-e^{-iz}}{2}$　　(D) $|f(z)|$ 是无界的

(9) 设 α 为任意实数，则 1^{α}（　　）.

(A) 无定义　　(B) 等于 1

(C) 是复数，其实部等于 1　　(D) 是复数，其模等于 1

(10) 下列数中，为实数的是（　　）.

(A) $(1-i)^3$　　(B) $\cos i$　　(C) $\ln i$　　(D) $z=e^{\frac{\pi}{2}i}$

3. 下列函数在何处可导？何处解析？

(1) $f(z)=z|z|^2$；　(2) $f(z)=\mathrm{Re}z$；　(3) $f(z)=x^2-iy$.

4. 设 $f(z)=ax^3+bxy^2-i(x^3+cx^2y)$ 为解析函数，试求 a，b，c 的值.

5. 证明在区域 D 内解析，并满足下列条件之一，那么 $f(z)$ 是常数.

(1) $\overline{f(z)}$ 在 D 内解析；

(2) $au+bv=c$，其中 a、b 与 c 为不全为零的实常数；

(3) $v=u^2$；

(4) $|f(z)|$ 在 D 内是一个常数.

6. 求 $u(x,y)=x^2+2xy-y^2$ 的共轭调和函数 $v(x,y)$，并使 $v(0,0)=1$.

7. 已知下列关系式，试确定解析函数 $f(z)=u+\mathrm{i}v$.

$$u+v=x^2+2xy-y^2-5x-5y$$

8. 求下列各函数值.

(1) Ln $(-\mathrm{i})$；(2) Ln $(-3+4\mathrm{i})$；(3) 3^{i}；(4) $(1+\mathrm{i})^{\mathrm{i}}$；(5) $\sin(1+2\mathrm{i})$.

9. 找出下列方程的全部解.

(1) $1+\mathrm{e}^z=0$；(2) $\mathrm{e}^z-1-\sqrt{3}\mathrm{i}=0$；(3) $\cos z=0$；(4) $\sin z+\cos z=0$.

10. 设 $f(z)=u(x,y)+\mathrm{i}v(x,y)$ 为 $z=x+\mathrm{i}y$ 的解析函数，若记 $w(z,\bar{z})=u\left(\frac{z+\bar{z}}{2},\frac{z-\bar{z}}{2\mathrm{i}}\right)+\mathrm{i}v\left(\frac{z+\bar{z}}{2},\frac{z-\bar{z}}{2}\right)$，证明$\frac{\partial w}{\partial \bar{z}}=0$.

第三章　复变函数的积分

本章要建立的柯西积分定理及柯西积分公式是研究解析函数的重要工具，它们是复变函数的发展及应用的关键，由此可以导出许多深刻的推论，如导出解析函数的任意阶导数都存在的结论等.

第一节　复变函数积分的概念与性质

类似于二元实变函数的曲线积分，我们可以定义复变函数的积分.

一、复变函数积分的定义

定义　设 C 是平面内一条光滑或分段光滑的有向曲线．如图 3 - 1 所示，C 的起点是 A，终点是 B，$f(z)$ 是在定义在 C 上的有界函数．用分点 $A=z_0$，z_1，z_2，…，z_{k-1}，z_k，…，z_{n-1}，$z_n=B$ 把曲线 C 分成 n 个小弧段，在每个弧段 $\overset{\frown}{z_{k-1}z_k}$ $(k=1,2,\cdots,n)$上任意取一点 ζ_k，并作和式

$$S_n=\sum_{k=1}^{n}f(\zeta_k)\Delta z_k$$

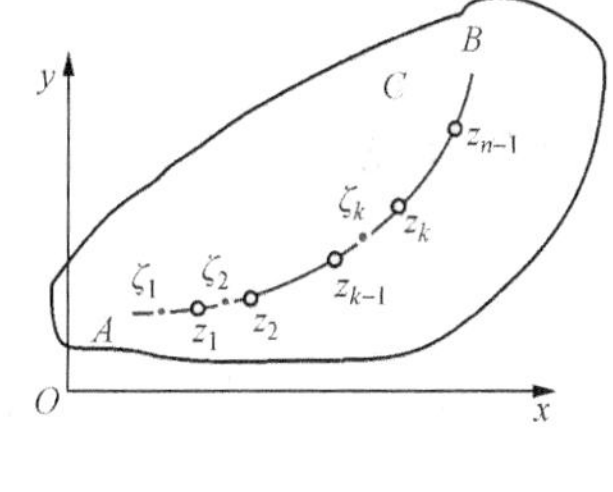

图 3 - 1

这里 $\Delta z_k=z_k-z_{k-1}$，记 ΔS_k 为弧段$\overset{\frown}{z_{k-1}z_k}$的长度，$\delta=\max\limits_{1\leqslant k\leqslant n}\Delta S_k$．当 δ 趋向于零时，若不论对曲线 C 的分割法及点 ζ_k 的取法如何，S_n 有唯一极限，则称该极限值为函数 $f(z)$ 沿曲线 C 的积分或复积分，记为 $\int_C f(z)\mathrm{d}z$，即

$$\int_C f(z)\mathrm{d}z=\lim_{\delta\to 0}\sum_{k=1}^{n}f(\zeta_k)\Delta z_k \tag{3-1}$$

注：(1) C^- 表示与曲线 C 为同一曲线，但方向相反.

(2) 当 C 为一条简单闭曲线，规定沿逆时针方向为正方向，沿顺时针方向为负方向，分别记 C 和 C^-，沿此闭曲线 C 正方向的积分记为 $\oint_C f(z)\mathrm{d}z$.

二、积分的存在定理及其计算公式

定理 1　设 $f(z)=u(x,y)+\mathrm{i}v(x,y)$ 在光滑或分段光滑的有向曲线 C 上连续，则 $f(z)$ 沿曲线 C 的积分存在，且

$$\int_C f(z)\mathrm{d}z=\int_C(u\mathrm{d}x-v\mathrm{d}y)+\mathrm{i}\int_C(u\mathrm{d}y+v\mathrm{d}x) \tag{3-2}$$

此处不作证明，对式 (3 - 2) 形式上可看作由 $f(z)=u+\mathrm{i}v$ 和 $\mathrm{d}z=\mathrm{d}x+\mathrm{i}\mathrm{d}y$ 乘积得到．上述定理表明，一个复变函数 $f(z)$ 沿曲线 C 的积分可以转化为通常的二元实变函数的曲线积分．因此有如下定理.

定理 2　设 $f(z)=u(x,y)+\mathrm{i}v(x,y)$ 在光滑或分段光滑的有向曲线 C 上连续，若 C 的方

程为 $z(t)=x(t)+\mathrm{i}y(t)(t:\alpha\to\beta)$，则

$$\int_C f(z)\mathrm{d}z=\int_\alpha^\beta f[z(t)]z'(t)\mathrm{d}t \tag{3-3}$$

事实上根据式（3-2）及曲线积分的计算公式即可得到

$$\begin{aligned}\int_C f(z)\mathrm{d}z&=\int_\alpha^\beta\{u[x(t),y(t)]x'(t)-v[x(t),y(t)]y'(t)\}\mathrm{d}t\\&\quad+\mathrm{i}\int_\alpha^\beta\{u[x(t),y(t)]y'(t)+v[x(t),y(t)]x'(t)\}\mathrm{d}t\\&=\int_\alpha^\beta\{u[x(t),y(t)]+\mathrm{i}v[x(t),y(t)]\}\cdot[x'(t)+\mathrm{i}y'(t)]\mathrm{d}t\\&=\int_\alpha^\beta f[z(t)]z'(t)\mathrm{d}t\end{aligned}$$

例 1 计算 $\int_C \mathrm{Re}z\mathrm{d}z$，其中 C 为从原点到点 $3+4\mathrm{i}$ 的直线段.

解 直线 C 的方程可写为：$z=3t+\mathrm{i}4t$，$0\leqslant t\leqslant 1$. 于是

$$\int_C \mathrm{Re}z\mathrm{d}z=\int_0^1 3t(3+4\mathrm{i})\mathrm{d}t=(9+12\mathrm{i})\int_0^1 t\mathrm{d}t=\frac{1}{2}(9+12\mathrm{i})$$

例 2 计算积分 $\int_C \bar{z}\mathrm{d}z$，其中 C 为

(1) 沿从点 0 到点 $1+\mathrm{i}$ 的线段；

(2) 沿从点 0 到点 1 的线段 C_1 与从点 1 到点 $1+\mathrm{i}$ 的线段 C_2 所接成的折线.

解 (1) $\int_C \bar{z}\mathrm{d}z=\int_0^1(t-\mathrm{i}t)(1+\mathrm{i})\mathrm{d}t=\int_0^1 2t\mathrm{d}t=1$；

(2) $\int_C \bar{z}\mathrm{d}z=\int_{C_1}\bar{z}\mathrm{d}z+\int_{C_2}\bar{z}\mathrm{d}z=\int_0^1 t\mathrm{d}t+\int_0^1(1-\mathrm{i}t)\mathrm{i}\mathrm{d}t=1+\mathrm{i}$.

注：此题表明曲线的起点、终点相同，积分值可能不同.

例 3 求 $\oint_C \frac{1}{z}\mathrm{d}z$，其中 C 为正向单位圆周 $z(t)=\mathrm{e}^{\mathrm{i}t}$，$0\leqslant t\leqslant 2\pi$.

解 曲线 C 的参数方程为 $z(t)=\mathrm{e}^{\mathrm{i}t}$，$0\leqslant t\leqslant 2\pi$. 所以

$$\oint_C \frac{1}{z}\mathrm{d}z=\int_0^{2\pi}\frac{1}{\mathrm{e}^{\mathrm{i}t}}\cdot\mathrm{i}\mathrm{e}^{\mathrm{i}t}\mathrm{d}t=\mathrm{i}\int_0^{2\pi}\mathrm{d}t=2\pi\mathrm{i}$$

例 4 计算 $\oint_C \frac{\mathrm{d}z}{(z-z_0)^{n+1}}$，其中 C 为以 z_0 为圆心，r 为半径的圆周，n 为整数.

解 C 的方程可写作 $z=z_0+r\mathrm{e}^{\mathrm{i}\theta}$，$0\leqslant\theta\leqslant 2\pi$，所以

$$\oint_C \frac{\mathrm{d}z}{(z-z_0)^{n+1}}=\int_0^{2\pi}\frac{\mathrm{i}r\mathrm{e}^{\mathrm{i}\theta}}{r^{n+1}\mathrm{e}^{\mathrm{i}(n+1)\theta}}\mathrm{d}\theta=\frac{\mathrm{i}}{r^n}\int_0^{2\pi}\mathrm{e}^{-\mathrm{i}n\theta}\mathrm{d}\theta$$

当 $n=0$ 时，结果为：$\mathrm{i}\int_0^{2\pi}\mathrm{d}\theta=2\pi\mathrm{i}$；

当 $n\neq 0$ 时，结果为：$\frac{\mathrm{i}}{r^n}\int_0^{2\pi}(\cos n\theta-\mathrm{i}\sin n\theta)\mathrm{d}\theta=0$，

所以 $\oint_C \frac{\mathrm{d}z}{(z-z_0)^{n+1}}=\begin{cases}2\pi\mathrm{i},n=0\\0,n\neq 0\end{cases}$.

说明：此题积分值与积分路线圆周的半径大小无关.

三、复变函数积分的性质

根据复变函数积分的定义，可以推出它的基本性质

(1) $\int_C f(z)\mathrm{d}z = -\int_{C^-} f(z)\mathrm{d}z$;

(2) $\int_C kf(z)\mathrm{d}z = k\int_C f(z)\mathrm{d}z$($k$ 为常数)；

(3) $\int_C [f(z) \pm g(z)]\mathrm{d}z = \int_C f(z)\mathrm{d}z \pm \int_C g(z)\mathrm{d}z$;

(4) $\int_C f(z)\mathrm{d}z = \int_{C_1} f(z)\mathrm{d}z + \int_{C_2} f(z)\mathrm{d}z + \cdots + \int_{C_n} f(z)\mathrm{d}z$，其中 C 是由曲线 C_1，C_2，…，C_n 连接而成的；

(5) 若在曲线 C 上，$|f(z)| \leqslant M$，而 L 是曲线 C 的长度，则

$$\left|\int_C f(z)\mathrm{d}z\right| \leqslant \int_C |f(z)|\,\mathrm{d}z \leqslant ML$$

例 5　设 C 是单位圆周，证明：$\left|\int_C \frac{\sin z}{z^2}\mathrm{d}z\right| \leqslant 2\pi\mathrm{e}$.

证　C 的方程为 $|z|=1$，设 $z=x+\mathrm{i}y$，则在 C 上，有

$$\left|\frac{\sin z}{z^2}\right| = \left|\frac{\mathrm{e}^{\mathrm{i}z} - \mathrm{e}^{-\mathrm{i}z}}{2\mathrm{i}}\right| \leqslant \frac{|\mathrm{e}^{\mathrm{i}z}| + |\mathrm{e}^{-\mathrm{i}z}|}{2} = \frac{\mathrm{e}^y + \mathrm{e}^{-y}}{2} \leqslant \mathrm{e}$$

所以

$$\left|\int_C \frac{\sin z}{z^2}\mathrm{d}z\right| \leqslant 2\pi\mathrm{e}$$

在复积分计算中，有些函数与积分路径有关，然而我们也可以列举一些函数，它们在曲线上的积分值只与曲线的起点与终点有关，而与曲线的路径无关. 下面的柯西积分定理及其推广将阐明复变函数积分的一些深入的性质.

第二节　复积分的基本定理及其推广

一、柯西积分定理

定理 1　如果函数 $f(z)$ 在单连通区域 D 内解析，且 $f'(z)$ 在 D 内连续，则 $f(z)$ 沿着 D 内任一条闭曲线 C 的积分等于零，即

$$\oint_C f(z)\mathrm{d}z = 0$$

证　由于复变函数积分可以用两个实变函数线积分来表示为

$$\int_C f(z)\mathrm{d}z = \int_C (u\mathrm{d}x - v\mathrm{d}y) + \mathrm{i}\int_C (v\mathrm{d}x + u\mathrm{d}y)$$

利用格林公式得

$$\int_C f(z)\mathrm{d}z = \iint_{D_1}\left(-\frac{\partial u}{\partial x} - \frac{\partial u}{\partial y}\right)\mathrm{d}\sigma + \mathrm{i}\iint_{D_1}\left(\frac{\partial u}{\partial x} - \frac{\partial v}{\partial y}\right)\mathrm{d}\sigma$$

其中 D_1 为由闭曲线 C 围成的区域. 由 $f(z)$ 的解析性知$\frac{\partial u}{\partial x}=\frac{\partial v}{\partial y}$，$\frac{\partial u}{\partial y}=-\frac{\partial v}{\partial x}$，故上式右端为

零. 证毕.

法国数学家古莎于 1900 年首先指出上述定理中 $f'(z)$ 连续的假设是不必要的，只要 $f(z)$ 在区域 D 内解析即可，从而得出下述定理，也称为柯西-古莎积分定理.

定理 2 设 $f(z)$ 在单连通区域 D 内解析，则 $f(z)$ 沿着 D 内任一条闭曲线 C 的积分为零：$\oint_C f(z)\mathrm{d}z=0$.

注：(1) 定理 2 说明，单连通区域内的解析函数沿区域内任何一条曲线的积分值不依赖曲线形状，而只与其起点和终点有关.

(2) 在上述定理的假设条件下，如果 C 就是区域 D 的边界，只要 $f(z)$ 在 C 上连续，定理结论仍成立.

例 1 求 $\oint_C z^2+\mathrm{e}^z+\sin z\mathrm{d}z$，其中 C：$|z-\mathrm{i}|=2$.

解 $z^2+\mathrm{e}^z+\sin z$ 在全复平面解析，在 C 内解析，故积分值为零.

例 2 求 $\oint_C \frac{\mathrm{e}^z}{z-3\mathrm{i}}\mathrm{d}z$，其中 C：$|z|=2$.

解 由于$\frac{\mathrm{e}^z}{z-3\mathrm{i}}$只有奇点 $3\mathrm{i}$，而在 C 内解析，故 $\oint_C \frac{\mathrm{e}^z}{z-3\mathrm{i}}\mathrm{d}z=0$.

二、复合闭路定理

下面将柯西积分定理推广到复连通区域.

定理 3 设 $f(z)$ 在由光滑或分段光滑的简单闭曲线 C_1 与 C_2 所围成复连通闭区域 $\overline{D}=D\cup C_1\cup C_2$ 上解析，则

$$\oint_{C_1} f(z)\mathrm{d}z=\oint_{C_2} f(z)\mathrm{d}z$$

证明 作割线 $\overline{ab}$如图 3-2 所示，令 $C=C_1+\overline{ab}+C_2^-+\overline{ba}$，则 $f(z)$ 在 C 所围成的单连通闭区域$\overline{D}_1=D\cup C$ 上解析.

由单连通区域的柯西积分定理知 $\oint_C f(z)\mathrm{d}z=0$，即

$$\oint_{C_1} f(z)\mathrm{d}z+\oint_{\overline{ab}} f(z)\mathrm{d}z+\oint_{C_2^-} f(z)\mathrm{d}z+\oint_{\overline{ba}} f(z)\mathrm{d}z=0$$

故得 $\oint_{C_1+C_2^-} f(z)\mathrm{d}z=0$，也即$\oint_{C_1} f(z)\mathrm{d}z=\oint_{C_2} f(z)\mathrm{d}z$. 证毕.

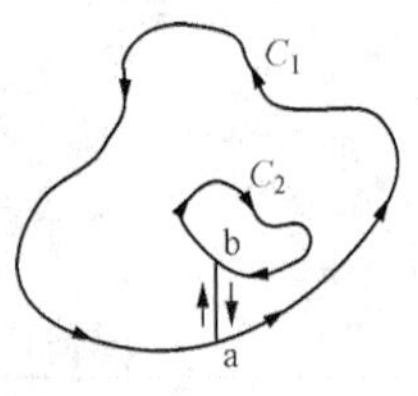

图 3-2

上述定理称为闭路变形原理，它指出复函数在其解析区域内沿闭曲线的积分，不因闭曲线在区域内作连续变形而改变它的值.

例如，$\oint_{|z-z_0|=r} \frac{\mathrm{d}z}{z-z_0}=2\pi\mathrm{i}$. 根据闭路变形原理，对于包含 z_0 在内部的任何一条简单闭曲线 Γ，都有$\oint_\Gamma \frac{\mathrm{d}z}{z-z_0}=2\pi\mathrm{i}$.

将定理 3 推广可得到如下定理

定理 4 （复合闭路定理） 设 C_1，C_2，…，C_n 是 n 条既不相交又不相含的简单闭曲线，它们又都在简单闭曲线 C_0 的内部，曲线 C_0，C_1，C_2，…，C_n 围成一个有界多连通区域 D，D 及其边界构成一个闭区域$\overline{D}$. 设 $f(z)$ 在$\overline{D}$上解析，则

$$\oint_{C_0} f(z)\mathrm{d}z = \sum_{k=1}^{n}\oint_{C_k} f(z)\mathrm{d}z$$

复合闭路原理在于将解析函数 $f(z)$ 沿复杂积分路线的积分转化为沿较简单（如圆周）路线来积分. 因此，在积分计算上非常有用.

例 3　计算积分$\oint_C \frac{3z-1}{z(z-1)}\mathrm{d}z$，其中 C 是圆周：$|z|=2$.

解　因为 $f(z)=\frac{3z-1}{z(z-1)}$ 在 C 所围成的圆域内除去 $z=0$，1 两点外解析，作闭曲线 C_1，C_2 分别包含 $z=0$，1，如图 3－3 所示.

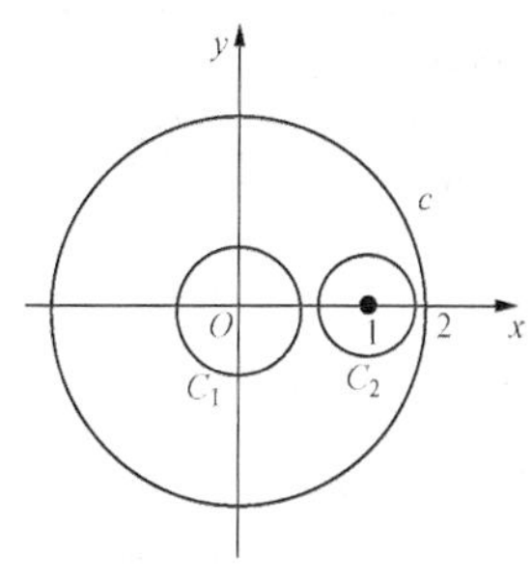

图 3－3

由复合闭路原理得

$$\oint_C \frac{3z-1}{z(z-1)}\mathrm{d}z = \oint_{C_1} \frac{3z-1}{z(z-1)}\mathrm{d}z + \oint_{C_2} \frac{3z-1}{z(z-1)}\mathrm{d}z$$

而

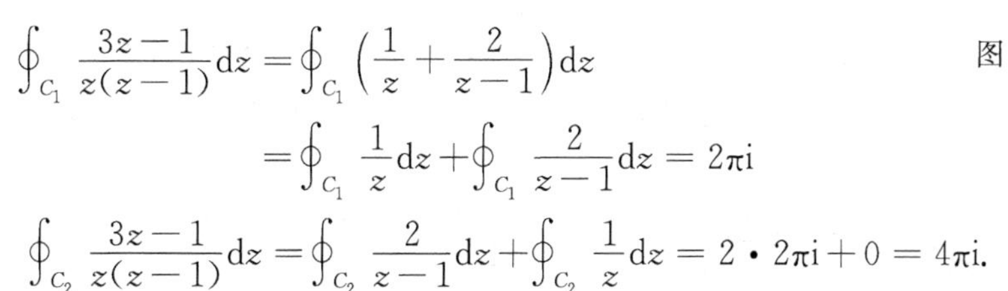

$$\oint_{C_1} \frac{3z-1}{z(z-1)}\mathrm{d}z = \oint_{C_1}\left(\frac{1}{z}+\frac{2}{z-1}\right)\mathrm{d}z$$

$$= \oint_{C_1}\frac{1}{z}\mathrm{d}z + \oint_{C_1}\frac{2}{z-1}\mathrm{d}z = 2\pi\mathrm{i}$$

$$\oint_{C_2} \frac{3z-1}{z(z-1)}\mathrm{d}z = \oint_{C_2}\frac{2}{z-1}\mathrm{d}z + \oint_{C_2}\frac{1}{z}\mathrm{d}z = 2\cdot 2\pi\mathrm{i}+0 = 4\pi\mathrm{i}.$$

所以$\oint_C \frac{3z-1}{z(z-1)}\mathrm{d}z = 6\pi\mathrm{i}.$

三、不定积分

单连通区域 D 内的解析函数 $f(z)$ 沿区域内任何一条曲线 AB 所取的积分 $\int_{AB} f(\xi)\mathrm{d}\xi$ 的值不依赖曲线 AB，而只与其起点 z_0 和终点 z 有关，则上述积分确定一个 z 的函数 $F(z)=\int_{z_0}^{z} f(z)\mathrm{d}z$．积分$\int_{z_0}^{z} f(z)\mathrm{d}z$ 称为 $f(z)$ 的不定积分.

定理 5　如果 $f(z)$ 是单连通区域 D 内的解析函数，则 $f(z)$ 的不定积分所确定的函数 $F(z)$ 在 D 内解析，并且 $F'(z)=f(z)$.

定义　在区域 D 内满足 $\Phi'(z)=f(z)$，函数 $\Phi(z)$ 称为 $f(z)$ 在 D 内的一个原函数.

可以与实变函数情形一样地用原函数来求解析函数的积分.

定理 6　如果 $f(z)$ 是单连通区域 D 内的解析函数，$\Phi(z)$ 是 $f(z)$ 的一个原函数，则对 $z\in D$，有$\int_{z_0}^{z} f(z)\mathrm{d}z = \Phi(z)-\Phi(z_0)$.

例 4　计算积分$\int_a^b z\sin z^2\mathrm{d}z$.

解　原式$=\frac{1}{2}\int_a^b \sin z^2\mathrm{d}z^2 = -\frac{1}{2}\cos z^2\ |_a^b = -\frac{1}{2}(\cos b^2-\cos a^2)$.

柯西积分定理的广泛应用，还在于由它建立的柯西积分公式具体体现出来，即用此定理导出一个用解析函数的边界值表示其内部值的积分公式.

第三节 柯西积分公式

设 C 是一条简单闭曲线，$f(z)$ 在以 C 为边界的有界闭区域 $\overline{D}$ 上解析，z_0 为 C 内任一点. 下面定理说明，只要知道 $f(z)$ 在曲线 C 上的值，就可以求出 $f(z)$ 在 C 内任一点 z_0 的值.

定理 设 C 是一条简单正向闭曲线，$f(z)$ 在以 C 为边界的有界闭区域 $\overline{D}$ 上解析，z_0 为 C 内任一点，则

$$f(z_0)=\frac{1}{2\pi i}\oint_C\frac{f(z)}{z-z_0}dz \quad (柯西积分公式) \tag{3-4}$$

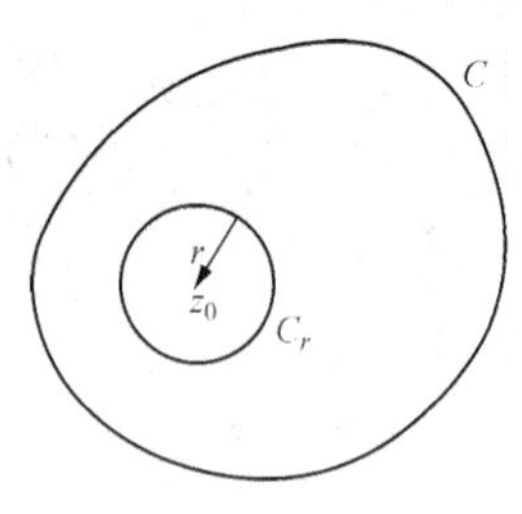

图 3-4

证 在 D 内作以 z_0 为圆心，r 为半径的圆周 C_r（见图 3-4），由于 $\frac{f(z)}{z-z_0}$ 除 z_0 外在 $\overline{D}$ 上解析，因此 $\frac{f(z)}{z-z_0}$ 在 C_r 与 C 为边界的闭区域上解析，根据复合闭路原理得

$$\oint_C\frac{f(z)}{z-z_0}dz=\oint_{C_r}\frac{f(z)}{z-z_0}dz$$

下面我们将证明上面等式的右端积分等于 $2\pi i f(z_0)$，为此考虑

$$\begin{aligned}\oint_{C_r}\frac{f(z)dz}{z-z_0}&=\oint_{C_r}\frac{f(z)-f(z_0)+f(z_0)}{z-z_0}dz\\&=\oint_{C_r}\frac{f(z_0)}{z-z_0}dz+\oint_{C_r}\frac{f(z)-f(z_0)}{z-z_0}dz\\&=f(z_0)\oint_{C_r}\frac{dz}{z-z_0}+\oint_{C_r}\frac{f(z)-f(z_0)}{z-z_0}dz\\&=2\pi i f(z_0)+\oint_{C_r}\frac{f(z)-f(z_0)}{z-z_0}dz\end{aligned} \tag{3-5}$$

因为 $f(z)$ 在点 z_0 处连续，所以对任意给定的 $\varepsilon>0$，必有一正数 δ 存在，当 $|z-z_0|<\delta$ 时，$|f(z)-f(z_0)|<\varepsilon$. 因此当取圆周 C_r 的半径 $r<\delta$ 时，则在圆 C_r 上，有 $|f(z)-f(z_0)|<\varepsilon$，根据复积分的性质（5），有

$$\left|\oint_{C_r}\frac{f(z)-f(z_0)}{z-z_0}dz\right|\leqslant\oint_{C_r}\frac{|f(z)-f(z_0)|}{|z-z_0|}|dz|<\frac{\varepsilon}{r}2\pi r=2\pi\varepsilon$$

这就说明积分的模可以任意小，只要 r 取得充分小就可以了. 因此当 r 趋近于零时，式（3-5）的右边第二个积分趋近于零，故得

$$\oint_C\frac{f(z)}{z-z_0}dz=2\pi i f(z_0)$$

由此即得式（3-4）成立.

注：(1) 柯西积分公式给出了解析函数的积分表达式

$$f(z)=\frac{1}{2\pi i}\oint_C\frac{f(\zeta)}{\zeta-z}d\zeta \tag{3-6}$$

(2) 柯西积分公式也可以推广到复连通区域上.

柯西积分公式变形后得

$$\oint_C\frac{f(z)}{z-z_0}dz=2\pi i f(z_0) \tag{3-7}$$

用来计算形如$\oint_C \frac{f(z)}{z-z_0}dz$的复积分，需要注意$f(z)$是在$C$内解析且$z_0$在$C$内部.

例 1 计算积分$\oint_{C:|z+i|=1} \frac{\cos z}{z+i}dz$.

解 因为$\cos z$在全平面内解析，在C内解析，故由柯西积分公式得

$$\oint_{C:|z+i|=1} \frac{\cos z}{z+i}dz = 2\pi i\cos(-i) = \frac{2\pi i}{2}(e+e^{-1}) = (e+e^{-1})\pi i$$

例 2 计算积分$\oint_{C:|z|=2} \frac{z}{(5-z^2)(z-i)}dz$.

解 因为$f(z)=\frac{z}{5-z^2}$在C：$|z|=2$上及其内部解析，故由柯西积分公式得

$$\oint_{C:|z|=2} \frac{z}{(5-z^2)}\frac{1}{z-i}dz = 2\pi i\frac{i}{5-i^2} = -\frac{2\pi}{6} = -\frac{\pi}{3}$$

例 3 设C表示圆周：$|z-2|=2$，试求积分$\oint_C \frac{z}{z^4-1}dz$.

解 因为$z^4-1=(z-1)(z+1)(z-i)(z+i)$，所以函数$\frac{z}{z^4-1}$的奇点是$z=1$、$-1$、$i$、$-i$，而在圆周$C$的内部只包含奇点$z=1$，从而$\frac{z}{(z+1)(z-i)(z+i)}$在闭区域$|z-2|\leqslant 2$上解析，故由柯西积分公式得

$$\begin{aligned}\oint_C \frac{z}{z^4-1}dz &= \oint_C \frac{z}{(z+1)(z^2+1)}\frac{1}{z-1}dz \\ &= 2\pi i\left[\frac{z}{(z+1)(z^2+1)}\right]_{z=1} \\ &= \frac{\pi i}{2}\end{aligned}$$

例 4 求积分$I=\oint_{|z|=2} \frac{\sin z}{z^2-1}dz$的值.

解 由复合闭路定理可知

$$\oint_{|z|=2} \frac{\sin z}{z^2-1}dz = \oint_{C_1} \frac{\sin z}{z^2-1}dz + \oint_{C_2} \frac{\sin z}{z^2-1}dz$$

其中C_1，C_2是在$|z|<2$中，分别包含$z=-1$与$z=1$的两条互不相交、互不包含的闭曲线. 不妨令

$$C_1: |z+1| = \frac{1}{2}; \qquad C_2: |z-1| = \frac{1}{2}$$

$\because$

$$\oint_{C_1} \frac{\sin z}{z^2-1}dz = \oint_{C_1} \frac{\frac{\sin z}{z-1}}{z+1}dz = 2\pi i\left(\frac{\sin z}{z-1}\right)\Big|_{z=-1} = \pi i\sin 1$$

$$\oint_{C_2} \frac{\sin z}{z^2-1}dz = \oint_{C_2} \frac{\frac{\sin z}{z+1}}{z-1}dz = 2\pi i\left(\frac{\sin z}{z+1}\right)\Big|_{z=1} = \pi i\sin 1$$

$\therefore \oint_{|z|=2} \frac{\sin z}{z^2-1}dz = \pi i\sin 1 + \pi i\sin 1 = 2\pi i\sin 1.$

第四节　解析函数的高阶导数

一、解析函数的无穷可微性

我们考察解析函数 $f(z)=\dfrac{1}{2\pi i}\oint_C\dfrac{f(\zeta)}{\zeta-z}d\zeta$ 的导数公式的可能形式．假设求导运算和积分运算可以交换，则

$$f'(z)=\frac{1}{2\pi i}\oint_C\frac{f(\zeta)}{(\zeta-z)^2}d\zeta$$

$$f''(z)=\frac{2!}{2\pi i}\oint_C\frac{f(\zeta)}{(\zeta-z)^3}d\zeta$$

$$f'''(z)=\frac{3!}{2\pi i}\oint_C\frac{f(\zeta)}{(\zeta-z)^4}d\zeta$$

$$\cdots$$

我们将对这些公式的正确性加以证明．

定理 1　设 C 是一条简单正向闭曲线，$f(z)$ 在以 C 为边界的有界闭区域 $\overline{D}$ 上解析，z_0 为 C 内任一点，则函数 $f(z)$ 在区域 D 内有各阶导数，并且

$$f^{(n)}(z)=\frac{n!}{2\pi i}\oint_C\frac{f(\zeta)}{(\zeta-z)^{n+1}}d\zeta,\quad (n=1,2,\cdots) \tag{3-8}$$

证　首先对 $n=1$ 的情形来证明．

由柯西积分公式，有

$$\frac{f(z+\Delta z)-f(z)}{\Delta z}=\frac{1}{\Delta z}\left[\frac{1}{2\pi i}\oint_C\frac{f(\zeta)}{\zeta-z-\Delta z}d\zeta-\frac{1}{2\pi i}\oint_C\frac{f(\zeta)}{\zeta-z}d\zeta\right]$$

$$=\frac{1}{2\pi i}\oint_C\frac{f(\zeta)}{(\zeta-z-\Delta z)(\zeta-z)}d\zeta$$

考虑下面的差

$$\left|\frac{1}{2\pi i}\oint_C\frac{f(\zeta)}{(\zeta-z-\Delta z)(\zeta-z)}d\zeta-\frac{1}{2\pi i}\oint_C\frac{f(\zeta)}{(\zeta-z)^2}d\zeta\right|=\left|\frac{1}{2\pi i}\oint_C\frac{\Delta zf(\zeta)}{(\zeta-z-\Delta z)(\zeta-z)^2}d\zeta\right|$$

设 L 为 C 的长度，M 表示沿 C 上 $|f(\zeta)|$ 最大值，d 表示 z 与 C 上点 ζ 间的最短距离．取 $|\Delta z|<\dfrac{d}{2}$，有 $|\zeta-z|\geqslant d>0$，故 $|\zeta-z-\Delta z|\geqslant|\zeta-z|-|\Delta z|>\dfrac{d}{2}$．

任给正数 ε，只要取 $|\Delta z|<\dfrac{\pi d^3}{ML}\varepsilon$，差数小于 ε．于是就证明了 $n=1$ 的情形．

要完成定理 1 的证明，只需要应用数学归纳法．方法和以上证明的情形类似，读者可自己完成．

利用定理 1 可给出下面形式积分的计算公式

$$\oint_C\frac{f(z)}{(z-z_0)^n}dz=\frac{2\pi i}{(n-1)!}f^{(n-1)}(z_0)\quad (n=1,2,\cdots) \tag{3-9}$$

例 1　计算积分 $\displaystyle\oint_{|z-i|=1}\frac{\cos z}{(z-i)^3}dz$．

解　因为函数 $\cos z$ 在 $|z-i|\leqslant1$ 上解析，则

$$\oint_{|z-i|=1}\frac{\cos z}{(z-i)^3}dz=\frac{2\pi i}{2!}(\cos z)''|_{z=i}=-\pi i\cos i=-\frac{\pi i}{2}(e^{-1}+e)$$

例 2 计算积分$\oint_{|z|=3}\frac{e^z}{z(z-i)^2}dz$.

解 由复合闭路定理可知

$$\oint_{|z|=3}\frac{e^z}{z(z-i)^2}dz=\oint_{C_1}\frac{e^z}{z(z-i)^2}dz+\oint_{C_2}\frac{e^z}{z(z-i)^2}dz$$

其中C_1，C_2是在$|z|<3$中，分别包含$z=0$与$z=i$的两条互不相交、互不包含的闭曲线. 不妨令

$$C_1:|z|=\frac{1}{10};\qquad C_2:|z-i|=\frac{1}{10}$$

$$\therefore\oint_{C_1}\frac{\frac{e^z}{(z-i)^2}}{z}dz=2\pi i\frac{e^z}{(z-i)^2}\bigg|_{z=0}=-2\pi i\text{ 及 }\oint_{C_2}\frac{\frac{e^z}{z}}{(z-i)^2}dz=\frac{2\pi i}{1!}\left(\frac{e^z}{z}\right)'\bigg|_{z=i}=2\pi ie^i(1-i),$$

$$\therefore\oint_{|z|=3}\frac{e^z}{z(z-i)^2}dz=2\pi i(e^i-ie^i-1).$$

应用上述定理，我们得出解析函数的无穷可导性.

定理 2 设$f(z)$在z平面上区域D内解析，则$f(z)$在D内具有各阶导数，并且它们也在D内解析.

证 设z_0为D内任一点，将$f(z)$的高阶导数公式应用于以z_0为圆心的充分小的圆(只要这个闭圆全含于D内)，即知$f(z)$在此圆内有各阶导数. 特别地，$f(z)$在点z_0有各阶导数. 由于z_0的任意性，所以$f(z)$在D内有各阶导数.

二、柯西不等式与刘维尔（Liouville）定理

利用复函数的高阶导数公式可以得出一个很有用的导数的估计式

柯西不等式 设$f(z)$在$|z-z_0|<R$内解析，$|f(z)|\leqslant M$，则有

$$|f^{(n)}(z_0)|\leqslant\frac{n!M}{R^n}\quad(n=1,2,\cdots)$$

在整个复平面上解析的函数称为整函数. 例如多项式都是整函数，常数当然也是整函数. 应用柯西不等式，可得出一个关于整函数的定理.

定理 3 刘维尔定理 有界整函数$f(z)$必为常数.

习 题 三

1. 填空题

(1) 设C为沿原点$z=0$到点$z=1+i$的直线段，则$\int_C 2\bar{z}dz=$__________.

(2) 设C为从原点沿曲线$y^2=x$至点$1+i$的弧段，则$\int_C(x+iy^2)dz=$__________.

(3) 若C为正向圆周$|z|=2$，则$\oint_C\frac{1}{z}dz=$__________.

(4) 若C为正向圆周$|z|=1$，则$\oint_C[\ln(z+2)+z^2\cos(z^5+1)]dz=$__________.

(5) 设 C 是正向圆周 $|z|=2$，则 $\oint_C \frac{1}{z-1}dz=$ ________，$\oint_C \frac{1}{(z-1)^2}dz=$ ________，$\oint_C \frac{e^z}{(z-1)^2}dz=$ ________.

(6) 若 $f(\xi)=\oint_{|z|=2} \frac{2z^2+z+1}{z-\xi}dz$，$|\xi|\neq 2$，则 $f(3+5i)=$ ________________，$f(1)=$ ____________. $f'(1)=$ ______________.

(7) 设 C 为正向圆周 $|z-4|=1$，则 $\oint_C \frac{z^2-3z+2}{(z-4)^2}dz=$ ____________________.

(8) 设 $f(z)=\oint_{|\xi|=2} \frac{\sin\frac{\pi}{2}\xi}{\xi-z}d\xi$，其中 $|z|\neq 2$，则 $f'(3)=$ ________________.

(9) 设 C 为正向圆周 $|z|=3$，则 $\oint_C \frac{z+\bar{z}}{|z|}dz=$ ________________.

(10) 设 C 为负向圆周 $|z|=4$，则 $\oint_C \frac{e^z}{(z-\pi i)^5}dz=$ ________________.

2. 单项选择题

(1) 设 C 为上半单位圆，则 $\int_C |z|dz=$（　　）（C 为正方向）.

(A) 0　　(B) πi　　(C) -2　　(D) $2i$

(2) 设 C 是从 0 到 $1+\frac{\pi}{2}i$ 的直线段，则积分 $\int_C ze^z dz=$（　　）.

(A) $1-\frac{\pi}{2}e$　　(B) $-1-\frac{\pi}{2}e$

(C) $1+\frac{\pi}{2}ei$　　(D) $1-\frac{\pi}{2}ei$

(3) 如果曲线 C 为（　　），则 $\int_C \frac{dz}{2z-7}=\pi i$.

(A) $|z|=1$　　(B) $|z|=2$　　(C) $|z|=3$　　(D) $|z|=4$

(4) 设单位圆 C：$|z|=1$，$f(z)=$（　　），则 $\int_C f(z)dz\neq 0$

(A) $\frac{1}{\cos z}$　　(B) $\frac{e^z}{z^2+5z+6}$　　(C) $z\cos z^2$　　(D) $\frac{1}{4z-1}$

(5) 设 C：$|z+1|=\frac{1}{2}$，则 $\int_C \frac{\sin\frac{\pi}{4}z}{z^2-1}dz=$（　　）

(A) $\frac{\sqrt{2}}{2}\pi i$　　(B) $-\frac{\sqrt{2}}{2}\pi i$　　(C) $\sqrt{2}\pi i$　　(D) $2\pi i$

(6) 下列积分中，积分值不为 0 的是（　　）.

(A) $\oint_C (z^3+2z)dz$，C：$|z-1|=2$

(B) $\oint_C \frac{\cos z}{z-1}dz$，$C$：$|z|=2$

(C) $\oint_C \frac{\sin z}{z}dz$，$C$：$|z|=1$

(D) $\oint_C e^z dz$，C：$|z|=2$

(7) 设 C 为不经过点 1 与 −1 的正向简单闭曲线，则 $\oint_C \frac{z}{(z-1)(z+1)^2}dz=$（　　）.

(A) $\frac{\pi}{2}i$　　(B) $-\frac{\pi}{2}i$　　(C) 0　　(D) A、B、C 都有可能

(8) 设 C_1：$|z|=1$ 为负向，C_2：$|z|=3$ 正向，则 $\oint_{C_1+C_2}\frac{\sin z}{z^2}dz=$（　　）.

(A) $-2\pi i$　　(B) 0　　(C) $2\pi i$　　(D) $4\pi i$

(9) 设 $f(z)=\oint_C \frac{e^\xi}{\xi-z}d\xi$，$C$：$|z|=4$，其中 $|z|\neq 4$，则 $f'(\pi i)=$（　　）.

(A) $-2\pi i$　　(B) −1　　(C) $2\pi i$　　(D) 1

(10) 设 $f(z)$ 在区域 D 内解析，C 为 D 内任一条正向简单闭曲线，它的内部全属于 D. 如果 $f(z)$ 在 C 上的值为 2，那么对 C 内任一点 z_0，$f(z_0)$（　　）.

(A) 等于 0　　(B) 等于 1

(C) 等于 2　　(D) 不能确定

3. 计算题

(1) 求积分 $\int_C 3z^2 dz$ 的值，C 为从 i 到 1−i 的直线段.

(2) 设 C 是由点 0 到点 3 的直线段与点 3 到点 3+i 的直线段组成的折线，求积分 $\int_C \mathrm{Re}z dz$.

4. 设 C 为从 −2 到 2 的上半圆周，计算积分 $\int_C \frac{2z-3}{z}dz$ 的值.

5. 沿指定曲线的正向计算下列各积分.

(1) $\oint_C \frac{e^z}{z-2}dz$，$C$：$|z-2|=1$；

(2) $\oint_C \frac{1}{(z^2-1)(z^3-1)}dz$，$C$：$|z|=r<1$；

(3) $\oint_C \frac{e^{iz}}{z^2+1}dz$，其中 C 的正向 $|z-2i|=\frac{3}{2}$.

6. 计算 $\oint_C \frac{2z+1+2i}{(z+1)(z+2i)}dz$，其中 C 为正向圆周 $|z|=3$.

7. 计算积分 $\oint_{|z|=R}\frac{6z}{(z^2-1)(z+2)}dz$，其中 $R>0$，$R\neq 1$，$R\neq 2$.

8. 计算积分 $\oint_C \frac{e^z}{z(1-z)^3}dz$.

(1) 当点 0 在 C 内，点 1 在 C 外；

(2) 当点 1 在 C 内，点 0 在 C 外；

(3) 当点 0，1 均在 C 内；

(4) 当点 0，1 均在 C 外.

9. 计算积分 $\oint_C \frac{\sin tz}{z^4}dz$，$C$：$|z|=1$，$t$ 是常数.

10. 计算下列积分.

(1) $\int_0^1 z\sin z\mathrm{d}z$;

(2) $\int_0^{1+\frac{\pi}{2}\mathrm{i}} z\mathrm{e}^z\mathrm{d}z$;

(3) $\int_0^{\mathrm{i}} \cos z\mathrm{d}z$.

第四章 解析函数的级数表示

高等数学中的级数理论很容易推广到复变函数中. 级数可作为研究解析函数的一个重要工具，将解析函数表示为幂级数是泰勒定理由实情形到复情形的推广，是研究解析函数的另一重要方法.

第一节 复数项级数的基本概念

首先介绍复数列的极限.

定义 1 设$\{z_n\}$（$n=1, 2, \cdots$）为一复数列，z_0 为一复数，若对任意给定的$\varepsilon>0$，存在自然数 N，使当$n>N$，有$|z_n-z_0|<\varepsilon$成立，则称复数列$\{z_n\}$当$n\to\infty$是以z_0为极限，或称复数列$\{z_n\}$收敛于z_0，记为$\lim\limits_{n\to\infty}z_n=z_0$或$z_n\to z_0(n\to\infty)$.

定理 1 设$z_n=x_n+\mathrm{i}y_n$，$z_0=x_0+\mathrm{i}y_0$，则数列$\{z_n\}$收敛于z_0的充分必要条件是$\lim\limits_{n\to\infty}x_n=x_0$，$\lim\limits_{n\to\infty}y_n=y_0$.

例 1 $z_n=\left(1+\dfrac{1}{n}\right)\mathrm{e}^{\mathrm{i}\frac{\pi}{n}}$，求$\lim\limits_{n\to\infty}z_n$.

解 $z_n=\left(1+\dfrac{1}{n}\right)\mathrm{e}^{\mathrm{i}\frac{\pi}{n}}=\left(1+\dfrac{1}{n}\right)\left(\cos\dfrac{\pi}{n}+\mathrm{i}\sin\dfrac{\pi}{n}\right)$,

设 $x_n=\left(1+\dfrac{1}{n}\right)\cos\dfrac{\pi}{n}, y_n=\left(1+\dfrac{1}{n}\right)\sin\dfrac{\pi}{n}$,

而$\lim\limits_{n\to\infty}x_n=1$，$\lim\limits_{n\to\infty}y_n=0$，故$\lim\limits_{n\to\infty}z_n=1$.

定义 2 设$\{\alpha_n\}=\{a_n+\mathrm{i}b_n\}(n=1,2,\cdots,)$为一复数列表达式，则$\sum\limits_{n=1}^{\infty}\alpha_n=\alpha_1+\alpha_2+\cdots+\alpha_n+\cdots$称为无穷级数，其最前面 n 项的和$S_n=\alpha_1+\alpha_2+\cdots\alpha_n$称为级数的部分和.

如果部分和数列$\{S_n\}$收敛，则称级数$\sum\limits_{n=1}^{\infty}\alpha_n$是收敛，并称极限$\lim\limits_{n\to\infty}S_n$为级数的和. 如果部分和数列$\{S_n\}$不收敛，则称级数$\sum\limits_{n=1}^{\infty}\alpha_n$是发散的.

定理 2 级数$\sum\limits_{n=1}^{\infty}\alpha_n$收敛的充要条件是级数的实部$\sum\limits_{n=1}^{\infty}a_n$和虚部$\sum\limits_{n=1}^{\infty}b_n$同时收敛.

上述定理将复数项级数的审敛问题转化为实数项级数的审敛问题，并且由实数项级数$\sum\limits_{n=1}^{\infty}a_n$和$\sum\limits_{n=1}^{\infty}b_n$收敛的必要条件$\lim\limits_{n\to\infty}a_n=0$，$\lim\limits_{n\to\infty}b_n=0$，可得$\lim\limits_{n\to\infty}\alpha_n=0$.

例 2 判别$\sum\limits_{n=1}^{\infty}\dfrac{1}{n}\left(1+\dfrac{\mathrm{i}}{n}\right)$的敛散性.

解 $\sum_{n=1}^{\infty}\frac{1}{n}\left(1+\frac{\mathrm{i}}{n}\right)$ 的实部为 $\sum_{n=1}^{\infty}\frac{1}{n}$，它是调和级数，是发散的.

所以 $\sum_{n=1}^{\infty}\frac{1}{n}\left(1+\frac{\mathrm{i}}{n}\right)$ 是发散的.

定义 3 如果级数 $\sum_{n=1}^{\infty}|\alpha_n|$ 收敛，则称级数 $\sum_{n=1}^{\infty}\alpha_n$ 是绝对收敛；非绝对收敛的收敛级数，称为条件收敛.

定理 3 如果级数 $\sum_{n=1}^{\infty}\alpha_n$ 是绝对收敛，那么级数收敛.

例 3 判别 $\sum_{n=1}^{\infty}\frac{(8\mathrm{i})^n}{n!}$ 的收敛性.

解 因为 $\left|\frac{(8\mathrm{i})^n}{n!}\right|=\frac{8^n}{n!}$，由正项级数的判别法知 $\sum_{n=1}^{\infty}\frac{8^n}{n!}$ 收敛，故原级数收敛，且为绝对收敛.

第二节 幂 级 数

一、幂级数的概念

定义 1 设 $\{f_n(z)\}(n=1, 2, \cdots, n)$ 为一复数函数序列，其中各项在区域 D 内有定义，称表达式

$$\sum_{n=1}^{\infty}f_n(z)=f_1(z)+f_2(z)+\cdots+f_n(z)+\cdots$$

为复函数项级数，称 $S_n(z)=f_1(z)+f_2(z)+\cdots+f_n(z)$ 为级数的部分和.

如果对于 D 内的某一点 z_0，极限 $\lim\limits_{n\to\infty}S_n(z_0)=S(z_0)$ 存在，则称复变函数项级数 $\sum_{n=1}^{\infty}f_n(z)$ 在 z_0 点收敛，而 $S(z_0)$ 就是它的和. 如果级数在 D 内处处收敛，那么就得到关于 z 的一个函数，我们称之为级数 $\sum_{n=1}^{\infty}f_n(z)$ 在 D 内的和函数.

例 1 求 $\sum_{n=0}^{\infty}z^n$ 在 $|z|<1$ 内的和函数.

解 级数的部分和 $S_n(z)=\sum_{k=0}^{n}z^k=\frac{1-z^n}{1-z}$，而 $|z|<1$，有 $\lim\limits_{n\to\infty}z^n=\lim\limits_{n\to\infty}|z|^n(\cos n\theta+\mathrm{i}\sin n\theta)=0$，所以和函数 $S(z)=\lim\limits_{n\to\infty}S_n(z)=\lim\limits_{n\to\infty}\frac{1-z^n}{1-z}=\frac{1}{1-z}(|z|<1)$.

对复变函数项级数 $\sum_{n=1}^{\infty}f_n(z)$，当 $f_n(z)=c_n(z-z_0)^n$ 或 $f_n(z)=c_nz^n$ 时，称级数变为 $\sum_{n=0}^{\infty}c_n(z-z_0)^n$ 或 $\sum_{n=0}^{\infty}c_nz^n$，此时称为幂级数. 为了方便，我们主要讨论幂级数 $\sum_{n=0}^{\infty}c_nz^n$.

定理 幂级数收敛定理（阿贝尔定理）

如果级数 $\sum_{n=0}^{\infty}c_nz^n$ 在 $z=z_0(\neq 0)$ 收敛，则对满足 $|z|<|z_0|$ 的一切 z，级数必绝对收

敛；如果在 $z=z_0$ 级数发散，对满足 $|z|>|z_0|$ 一切的 z，级数必发散.

证明类似于高等数学阿贝尔定理的证明. 此定理指出了幂级数的收敛范围是以原点为中心的圆域.

二、收敛圆与收敛半径

定义 2 若存在一个正数 R，使幂级数 $\sum_{n=0}^{\infty} c_n z^n$ 在 $|z|<R$ 内绝对收敛，而在 $|z|>R$ 内处处发散，则称 $|z|=R$ 为收敛圆，R 为收敛半径.

一般，幂级数的收敛半径分为 3 种.

(1) 仅在原点收敛，除原点外，处处发散，$R=0$.

(2) 在全平面上处处收敛，$R=+\infty$.

(3) 存在某一点 $z_0\neq 0$，圆周 C：$|z|=|z_0|$. 在 $|z|<|z_0|$ 的圆内，幂级数 $\sum_{n\to 0}^{\infty} c_n z^n$ 是绝对收敛；在 $|z|>|z_0|$ 的圆外，幂级数 $\sum_{n\to 0}^{\infty} c_n z^n$ 是发散；在圆周 C：$|z|=|z_0|$ 上，幂级数 $\sum_{n\to 0}^{\infty} c_n z^n$ 可能是收敛的，也可能是发散的.

幂级数 $\sum_{n=0}^{\infty} c_n z^n$ 收敛半径的求法类似高等数学中收敛半径的求法，常用的方法为比值法和根值法.

比值法：$\lim\limits_{n\to\infty}\left|\dfrac{c_{n+1}}{c_n}\right|=\lambda$，则 $R=\dfrac{1}{\lambda}$；

根值法：$\lim\limits_{n\to\infty}\sqrt[n]{|c_n|}=\lambda$，则 $R=\dfrac{1}{\lambda}$.

例 2 试求下列幂级数的收敛半径与收敛域.

(1) $\sum_{n=1}^{\infty}\dfrac{z^n}{n^3}$； (2) $\sum_{n=1}^{\infty}\dfrac{1}{n!}z^n$.

解 (1) $\lim\limits_{n\to\infty}\left|\dfrac{c_{n+1}}{c_n}\right|=\lim\limits_{n\to\infty}\dfrac{\frac{1}{(n+1)^3}}{\frac{1}{n^3}}=\lim\limits_{n\to\infty}\left(\dfrac{n}{n+1}\right)^3=1$，所以 $R=1$.

当 $|z|=1$ 时，级数为 $\sum_{n=0}^{\infty}\dfrac{1}{n^3}$ 是收敛的，从而收敛域为 $\{z\,|\,|z|\leqslant 1\}$.

(2) $\lim\limits_{n\to\infty}\left|\dfrac{c_{n+1}}{c_n}\right|=\lim\limits_{n\to\infty}\dfrac{\frac{1}{(n+1)!}}{\frac{1}{n!}}=\lim\limits_{n\to\infty}\dfrac{1}{n+1}=0$，所以 $R=+\infty$，收敛域为整个复平面.

三、幂级数的运算和性质

复变函数幂级数的运算和性质类似于实变幂级数. 设 $f(z)=\sum_{n=0}^{\infty}a_n z^n$，$R=r_1$，$g(z)=\sum_{n=0}^{\infty}b_n z^n$，$R=r_2$，则在以原点为圆心，$r_1$、$r_2$ 中较小的一个为半径的圆内，这两个幂级数可以像多项式那样进行相加、相减、相乘，所得到的幂级数的和函数分别就是 $f(z)$ 和 $g(z)$ 的和、差与积．此时幂级数的收敛半径 $R=\min(r_1,r_2)$.

复函数的幂级数也可以进行复合运算．设幂级数 $f(z)=\sum\limits_{n=0}^{\infty}a_nz^n$，$|z|<R$，在 $|z|<R$ 内函数 $g(z)$ 解析且满足 $|g(z)|<R$，则 $f[g(z)]=\sum\limits_{n=0}^{\infty}a_n[g(z)]^n$．这一运算方法，广泛应用在将函数展开成幂级数之中．

例 3 试把 $f(z)=\dfrac{1}{3z-2}$ 化成形如 $\sum\limits_{n=0}^{\infty}c_n(z-2)^n$ 的幂级数．

解

$$\begin{aligned} f(z)&=\frac{1}{3z-2}=\frac{1}{3(z-2)+4}=\frac{1}{4}\cdot\frac{1}{1-\dfrac{-3}{4}(z-2)}\\ &=\frac{1}{4}\sum_{n=0}^{\infty}(-1)^n\left(\frac{3}{4}\right)^n(z-2)^n\\ &=\sum_{n=0}^{\infty}(-1)^n\frac{3^n}{4^{n+1}}(z-2)^n, \end{aligned}$$

其收敛区域由几何级数知，应为 $\dfrac{3}{4}|z-2|<1$，即 $|z-2|<\dfrac{4}{3}$.

幂级数在其收敛圆内还有下列性质．

(1) 幂级数的和函数在其收敛圆内是解析的；

(2) 幂级数在其收敛圆内，可以逐项求导，也可以逐项积分．

第三节 泰 勒 级 数

本节介绍解析函数的泰勒展开法．

设函数 $f(z)$ 在区域 D 内解析，而 K：$|z-z_0|=r$ 为 D 内以 z_0 为中心的任何一个圆周，K 与 K 的内部全含于 D，如图 4－1 所示，设 z 为 K 内任一点．

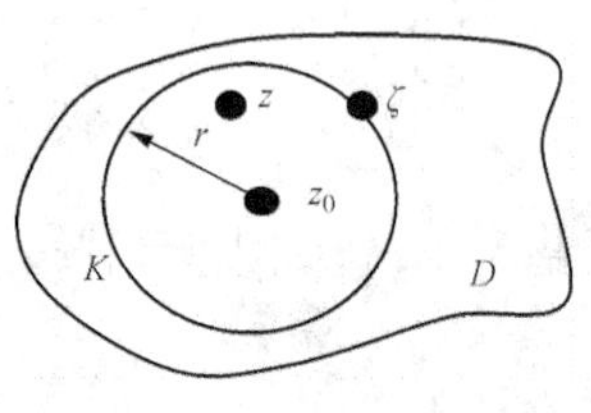

图 4－1

由柯西积分公式，有

$$f(z)=\frac{1}{2\pi\mathrm{i}}\oint_K\frac{f(\zeta)}{\zeta-z}\mathrm{d}\zeta$$

且 $\dfrac{1}{\zeta-z}=\dfrac{1}{(\zeta-z_0)-(z-z_0)}=\dfrac{1}{\zeta-z_0}\cdot\dfrac{1}{1-\dfrac{z-z_0}{\zeta-z_0}}$.

由于积分变量 ζ 在圆周 K 上，点 z 在 K 的内部，所以 $\left|\dfrac{z-z_0}{\zeta-z_0}\right|<1$，$\dfrac{1}{\zeta-z}=\sum\limits_{n=0}^{\infty}\dfrac{(z-z_0)^n}{(\zeta-z_0)^{n+1}}$

$$f(z)=\sum_{n=0}^{N-1}\left[\frac{1}{2\pi\mathrm{i}}\oint_K\frac{f(\zeta)\mathrm{d}\zeta}{(\zeta-z_0)^{n+1}}\right](z-z_0)^n+\frac{1}{2\pi\mathrm{i}}\oint_K\left[\sum_{n=N}^{\infty}\frac{f(\zeta)}{(\zeta-z_0)^{n+1}}(z-z_0)^n\right]\mathrm{d}\zeta$$

由解析函数高阶导数公式，上式可写成

$$f(z)=\sum_{n=0}^{N-1}\frac{f^{(n)}(z_0)}{n!}(z-z_0)^n+R_N(z)$$

其中 $R_N(z)=\frac{1}{2\pi i}\oint_K\left[\sum_{n=N}^{\infty}\frac{f(\zeta)}{(\zeta-z_0)^{n+1}}(z-z_0)^n\right]d\zeta$.

如果能证明 $\lim_{N\to\infty}R_N(z)=0$ 在 K 内成立，则 $f(z)=\sum_{n=0}^{\infty}\frac{f^{(n)}(z_0)}{n!}(z-z_0)^n$.

令 $\left|\frac{z-z_0}{\zeta-z_0}\right|=\frac{|z-z_0|}{r}=q$，$q$ 与积分变量 z 无关，且 $0<q<1$. $f(z)$ 在 D 内解析，在 K 上连续，因此存在正实数 M，使 $|f(z)|\leqslant M$. 所以

$$\begin{aligned}|R_N(z)|&\leqslant\frac{1}{2\pi}\oint_K\left|\sum_{n=N}^{\infty}\frac{f(\zeta)}{(\zeta-z_0)^{n+1}}(z-z_0)^n\right|ds\\&\leqslant\frac{1}{2\pi}\oint_K\left[\sum_{n=N}^{\infty}\frac{|f(\zeta)|}{|\zeta-z_0|}\left|\frac{z-z_0}{\zeta-z_0}\right|^n\right]ds\\&\leqslant\frac{1}{2\pi}\sum_{n=N}^{\infty}\frac{M}{r}q^n\cdot 2\pi r=\frac{Mq^N}{1-q}\xrightarrow[N\to\infty]{}0\end{aligned}$$

因此，在 K 内成立

$$f(z)=\sum_{n=0}^{\infty}\frac{f^{(n)}(z_0)}{n!}(z-z_0)^n\tag{4-1}$$

上式称为 $f(z)$ 在 z_0 的泰勒（Taylor）展开式，它右端的级数称为 $f(z)$ 在 z_0 处的泰勒级数.

圆周 K 的半径可以任意增大，只要 K 在 D 内. 所以，如果 z_0 到 D 的边界上各点的最短距离为 d，则 $f(z)$ 在 z_0 的泰勒展开式在圆域 $|z-z_0|<d$ 内成立. 由上述讨论，得如下定理.

定理　设 $f(z)$ 在区域 D 内解析，z_0 为 D 内的一点，d 为 z_0 到 D 的边界上各点的最短距离，则当 $|z-z_0|<d$ 时，有

$$f(z)=\sum_{n=0}^{\infty}c_n(z-z_0)^n$$

成立，其中 $c_n=\frac{1}{n!}f^{(n)}(z_0)$，$n=0，1，2，\cdots$.

注：任何解析函数展开成幂级数的结果就是泰勒级数，因而是唯一的.

同实函数一样，复变初等函数也有相类似的幂级数展开式.

(1) $e^z=1+z+\frac{z^2}{2!}+\frac{z^3}{3!}+\cdots+\frac{z^n}{n!}+\cdots\quad |z|<+\infty$.

(2) $\sin z=z-\frac{z^3}{3!}+\frac{z^5}{5!}+\cdots+(-1)^n\frac{z^{2n+1}}{(2n+1)!}+\cdots\quad |z|<\infty$.

(3) $\cos z=1-\frac{z^2}{2!}+\frac{z^4}{4!}+\cdots+(-1)^n\frac{z^{2n}}{(2n)!}+\cdots\quad |z|<\infty$.

(4) $\frac{1}{1\pm z}=1\pm z+z^2\pm z^3+z^4\pm\cdots\quad |z|<1$.

(5) $\ln(1+z)=z-\frac{z^2}{2}+\frac{z^3}{3}+\cdots+(-1)^n\frac{z^{n+1}}{n+1}+\cdots\quad |z|<1$.

例 1 求函数 $f(z)=\dfrac{1}{(z+2)^2}$ 在 $z=1$ 的邻域内的泰勒展开式.

解 $f(z)=-\left(\dfrac{1}{2+z}\right)'=-\left[\dfrac{1}{3+(z-1)}\right]'=-\left(\dfrac{1}{3}\dfrac{1}{1+\dfrac{z-1}{3}}\right)'$

$$=-\left[\frac{1}{3}\sum_{n=0}^{\infty}(-1)^n\frac{(2-1)^n}{3}\right]'$$

$$=-\frac{1}{3}\sum_{n=1}^{\infty}(-1)^n\frac{n(z-1)^{n-1}}{3}$$

其中 $|z-1|<3$.

例 2 将函数 $f(z)=e^z\sin z$ 在 $z=0$ 处展开为泰勒级数.

解 $e^z=1+z+\dfrac{1}{2!}z^2+\dfrac{1}{3!}z^3+\cdots$, $\sin z=z-\dfrac{1}{3!}z^3+\dfrac{1}{5!}z^5-\cdots$

$$e^z\sin z=\left(1+z+\frac{1}{2!}z^2+\frac{1}{3!}z^3+\cdots\right)\left(z-\frac{1}{3!}z^3+\frac{1}{5!}z^5-\cdots\right)$$

$$=z+z^2+\frac{1}{3}z^3+\cdots\ |z|<\infty$$

第四节 洛 朗 级 数

一个在以 z_0 为中心的圆域内解析的函数 $f(z)$，可以在该圆域内展开成 $z-z_0$ 的幂级数. 如果 $f(z)$ 在 z_0 处不解析，则在 z_0 的邻域内就不能用 $z-z_0$ 的幂级数来表示. 但是在实际问题中经常遇到这种情况. 因此，本节将讨论在以 z_0 为中心的圆环域内的解析函数的级数表示法.

定义 具有下列形式的级数

$$\sum_{n=-\infty}^{\infty}c_n(z-z_0)^n=\cdots+c_{-n}(z-z_0)^{-n}+\cdots+c_{-1}(z-z_0)^{-1}+c_0+c_1(z-z_0)+\cdots+c_n(z-z_0)^n+\cdots \tag{4-2}$$

称为双边幂级数，其中 z_0 及 $c_n(n=0,\pm1,\pm2,\cdots)$ 都是常数.

级数式（4-2）中既有正幂项也有负幂项，可将其分成两部分来考虑，即正幂项（含常数项）部分

$$\sum_{n=0}^{\infty}c_n(z-z_0)^n=c_0+c_1(z-z_0)+\cdots+c_n(z-z_0)^n+\cdots \tag{4-3}$$

和负幂项部分

$$\sum_{n=1}^{\infty}c_{-n}(z-z_0)^{-n}=c_{-1}(z-z_0)^{-1}+\cdots+c_{-n}(z-z_0)^{-n}+\cdots \tag{4-4}$$

我们规定：当且仅当级数式（4-3）和式（4-4）都收敛时，级数式（4-2）才收敛，且收敛于级数式（4-3）和式（4-4）的和.

级数式（4-3）是一个通常的幂级数，设其收敛半径为 R_2，则当 $|z-z_0|<R_2$ 时，级数收敛；当 $|z-z_0|>R_2$ 时，级数发散.

级数式（4-4）是一个新型级数，但如果令 $\xi=(z-z_0)^{-1}$，则

$$\sum_{n=1}^{\infty} c_{-n}(z-z_0)^{-n} = \sum_{n=1}^{\infty} c_{-n}\xi^n = c_{-1}\xi + c_{-2}\xi^2 + \cdots + c_{-n}\xi^n + \cdots \quad (4-5)$$

这是一个关于 ξ 的通常的幂级数，设其收敛半径为 R，则当 $|\xi|<R$ 时，级数收敛；当 $|\xi|>R$ 时，级数发散. 令 $\frac{1}{R}=R_1$，可得：当 $|\xi|<R$ 即 $|z-z_0|>R_1$ 时，级数式（4-4）收敛；当 $|\xi|>R$ 即 $|z-z_0|<R_1$ 时，级数式（4-4）发散.

由以上讨论可以得到双边幂级数式（4-2）的收敛范围如下.

（1）当 $R_1 \geqslant R_2$ 时，级数式（4-3）与式（4-4）无公共的收敛区域，级数式（4-2）处处发散.

（2）当 $R_1<R_2$ 时，级数式（4-3）与式（4-4）的公共收敛区域为圆环域 $R_1<|z-z_0|<R_2$. 双边幂级数式（4-2）在此圆环域内收敛，圆环域外发散. 在圆环的两个边界圆周 $|z-z_0|=R_1$ 和 $|z-z_0|=R_2$ 上可能有些点收敛，有些点发散. 特殊情况下，可能 $R_1=0$ 或者 $R_2=+\infty$.

双边幂级数式（4-2）在收敛圆环域内具有幂级数在收敛圆内的许多性质. 例如，级数式（4-2）在收敛圆环域内其和函数是解析的，而且同样可以逐项积分和逐项求导.

反过来，在圆环域内解析的函数是否一定能够展开成一个双边幂级数呢？关于这个问题，下面的洛朗（Laurent）定理给出了肯定的回答.

定理　（洛朗定理）　设函数 $f(z)$ 在圆环域 $R_1<|z-z_0|<R_2$ 内处处解析，则 $f(z)$ 在此圆环域内可展开为双边幂级数

$$f(z) = \sum_{n=-\infty}^{\infty} c_n (z-z_0)^n \quad (4-6)$$

其中 $c_n = \frac{1}{2\pi i}\oint_C \frac{f(\zeta)}{(\zeta-z_0)^{n+1}}d\zeta (n=0,\pm 1,\pm 2,\cdots)$，而 C 为此圆环域内绕 z_0 的任一条正向简单闭曲线.

证　设 z 为圆环域内的任一点，在圆环域内作以 z_0 为中心的正向圆周 K_1：$|\zeta-z_0|=r$ 和 K_2：$|\zeta-z_0|=R$，其中 $R_1<r<R<R_2$，且使 z 位于 K_1 与 K_2 之间（见图 4-2），根据多连通区域上的柯西积分公式，有

$$f(z) = \frac{1}{2\pi i}\oint_{K_2} \frac{f(\zeta)}{\zeta-z}d\zeta - \frac{1}{2\pi i}\oint_{K_1} \frac{f(\zeta)}{\zeta-z}d\zeta$$

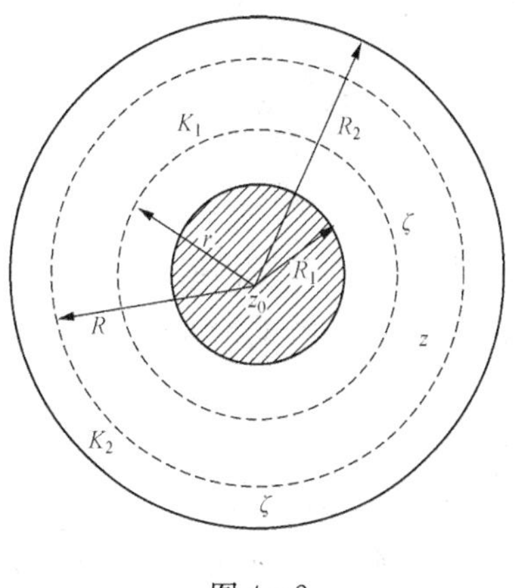

图 4-2

上式右端第一个积分，由于 ζ 在 K_2 上，z 在 K_2 的内部，因此 $\left|\frac{z-z_0}{\zeta-z_0}\right|<1$. 又因为 $f(\zeta)$ 在 K_2 上连续，因此存在一个常数 $M>0$，使得 $|f(\zeta)| \leqslant M$.

与泰勒定理的证明一样，当 $|\zeta-z_0|<R$ 时，有

$$\frac{1}{2\pi i}\oint_{K_2} \frac{f(\zeta)}{\zeta-z}d\zeta = \sum_{n=0}^{\infty}\left[\frac{1}{2\pi i}\oint_{K_2} \frac{f(\zeta)}{(\zeta-z_0)^{n+1}}d\zeta\right](z-z_0)^n = \sum_{n=0}^{\infty} c_n (z-z_0)^n$$

在这里不能将 c_n 写成$\frac{f^{(n)}(z_0)}{n!}$，因为 $f(z)$ 在 K_2 的内部不一定处处解析.

对于右端第二个积分 $-\frac{1}{2\pi i}\oint_{K_1}\frac{f(\zeta)}{\zeta-z}d\zeta$. 由于 ζ 在 K_1 上，z 在 K_1 的外部，因此 $\left|\frac{\zeta-z_0}{z-z_0}\right|<1$. 于是有

$$\frac{1}{\zeta-z}=\frac{-1}{z-z_0}\cdot\frac{1}{1-\frac{\zeta-z_0}{z-z_0}}=-\sum_{n=1}^{\infty}\frac{(\zeta-z_0)^{n-1}}{(z-z_0)^n}=-\sum_{n=1}^{\infty}\frac{1}{(\zeta-z_0)^{-n+1}}(z-z_0)^{-n}$$

所以

$$-\frac{1}{2\pi i}\oint_{K_1}\frac{f(\zeta)}{\zeta-z}d\zeta=\sum_{n=1}^{N-1}\left[\frac{1}{2\pi i}\oint_{K_1}\frac{f(\zeta)}{(\zeta-z_0)^{-n+1}}d\zeta\right](z-z_0)^{-n}+R_N(z)$$

其中

$$R_N(z)=\frac{1}{2\pi i}\oint_{K_1}\left[\sum_{n=N}^{\infty}\frac{(\zeta-z_0)^{n-1}f(\zeta)}{(z-z_0)^n}\right]d\zeta$$

下面证 $\lim\limits_{N\to\infty}R_N(z)=0$ 在 K_1 外部成立. 令

$$q=\left|\frac{\zeta-z_0}{z-z_0}\right|=\frac{r}{|z-z_0|}$$

显然 $0<q<1$ 且与积分变量 ζ 无关. 又因为 $f(\zeta)$ 在 K_1 上连续，因此存在一个常数 $M>0$，使得 $|f(\zeta)|\leqslant M$. 所以

$$|R_N(z)|\leqslant\frac{1}{2\pi}\oint_{K_1}\left[\sum_{n=N}^{\infty}\frac{|f(\zeta)|}{|\zeta-z_0|}\left|\frac{\zeta-z_0}{z-z_0}\right|^n\right]ds\leqslant\frac{1}{2\pi}\cdot\sum_{n=N}^{\infty}\frac{M}{r}q^n\cdot 2\pi r=\frac{Mq^N}{1-q}$$

因 $\lim\limits_{N\to\infty}q^n=0$，故 $\lim\limits_{N\to\infty}R_N(z)=0$. 从而有

$$-\frac{1}{2\pi i}\oint_{K_1}\frac{f(\zeta)}{\zeta-z}d\zeta=\sum_{n=1}^{\infty}\left[\frac{1}{2\pi i}\oint_{K_1}\frac{f(\zeta)}{(\zeta-z_0)^{-n+1}}d\zeta\right](z-z_0)^{-n}=\sum_{n=1}^{\infty}c_{-n}(z-z_0)^{-n}$$

综上所述，我们有

$$f(z)=\sum_{n=0}^{\infty}c_n(z-z_0)^n+\sum_{n=1}^{\infty}c_{-n}(z-z_0)^{-n}=\sum_{n=-\infty}^{\infty}c_n(z-z_0)^n$$

如果在圆环域内取绕 z_0 的任一条正向简单闭曲线 C，则根据闭路变形原理，c_n 与 c_{-n} 可以用一个统一的式子来表达，即

$$c_n=\frac{1}{2\pi i}\oint_C\frac{f(\zeta)}{(\zeta-z_0)^{n+1}}d\zeta\quad(n=0,\pm1,\pm2,\cdots)$$

于是式（4-6）成立.

式（4-6）称为 $f(z)$ 在圆环域 $R_1<|z-z_0|<R_2$ 内的洛朗展开式，其右端的级数称为 $f(z)$ 在此圆环域内的洛朗级数. 级数中正整数次幂部分和负整数次幂部分分别称为洛朗级数的解析部分和主要部分. 在许多应用中，往往需要把在某点 z_0 不解析但在 z_0 的去心邻域内解析的函数 $f(z)$ 展开成 $z-z_0$ 的级数，这时就可以考虑将其展开为洛朗级数.

另外，一个在某一圆环域 $R_1<|z-z_0|<R_2$ 内解析的函数 $f(z)$ 展开为含有正、负幂项

的级数是唯一的，这个级数就是 $f(z)$ 的洛朗级数，即 $f(z)$ 在该圆环域内的洛朗展开式 (4-6) 是唯一的.

事实上，如果 $f(z)$ 在此圆环域内另有一个展开式

$$f(z)=\sum_{n=-\infty}^{\infty}b_n(z-z_0)^n$$

以 $(z-z_0)^{-m-1}$ 去乘上式两端，并沿圆环域内绕 z_0 的任一条正向简单闭曲线 C 积分，由

$$\oint_C(\zeta-z_0)^{n-m-1}\mathrm{d}\zeta=\begin{cases}2\pi\mathrm{i}, & n=m\\ 0, & n\neq m\end{cases}$$

即得

$$\oint_C\frac{f(\zeta)}{(\zeta-z_0)^{m+1}}\mathrm{d}\zeta=\sum_{n=-\infty}^{\infty}b_n\oint_C(\zeta-z_0)^{n-m-1}\mathrm{d}\zeta=2\pi\mathrm{i}b_m$$

可见

$$b_m=\frac{1}{2\pi\mathrm{i}}\oint_C\frac{f(\zeta)}{(\zeta-z_0)^{m+1}}\mathrm{d}\zeta\quad(m=0,\pm1,\pm2,\cdots)$$

即展开式是唯一的.

如何将一个在圆环域内解析的函数展开为洛朗级数呢？通常来说，我们很少使用计算式 (4-6) 中系数 c_n 的直接展开法，因为直接计算系数往往并不方便. 由于函数在该圆环域内的洛朗展开式是唯一的，我们往往采用间接展开法，即采取代数运算、代换、求导和积分等一切可能的方法，将函数展开成形如 $\sum\limits_{n=-\infty}^{\infty}b_n(z-z_0)^n$ 的级数，则此级数一定就是所要求的洛朗级数. 下面通过几个例题来说明这种方法.

例 1　将函数 $f(z)=\dfrac{\mathrm{e}^z}{z^2}$ 在 $0<|z|<+\infty$ 内展开成洛朗级数.

解　$$\frac{\mathrm{e}^z}{z^2}=\frac{1}{z^2}\left(1+z+\frac{z^2}{2!}+\frac{z^3}{3!}+\frac{z^4}{4!}+\cdots\right)=\frac{1}{z^2}+\frac{1}{z}+\frac{1}{2!}+\frac{z}{3!}+\frac{z^2}{4!}+\cdots$$
$$=\frac{1}{z^2}+\frac{1}{z}+\sum_{n=0}^{\infty}\frac{z^n}{(n+2)!}$$

例 2　将函数 $f(z)=\dfrac{1}{(z-1)(z-2)}$ 分别在圆环域 (1) $0<|z|<1$；(2) $1<|z|<2$；(3) $2<|z|<+\infty$；(4) $0<|z-1|<1$ 内展开成洛朗级数.

解　首先将函数 $f(z)$ 分解成部分分式

$$f(z)=\frac{1}{z-2}-\frac{1}{z-1}$$

(1) 在 $0<|z|<1$ 内，由于 $|z|<1$，从而 $\left|\dfrac{z}{2}\right|<1$，于是

$$f(z)=\frac{1}{z-2}-\frac{1}{z-1}=\frac{1}{1-z}-\frac{1}{2-z}=\frac{1}{1-z}-\frac{1}{2}\frac{1}{1-\frac{z}{2}}$$
$$=\sum_{n=0}^{\infty}z^n-\frac{1}{2}\sum_{n=0}^{\infty}\frac{z^n}{2^n}=\sum_{n=0}^{\infty}\left(1-\frac{1}{2^{n+1}}\right)z^n$$

该结果中不含 z 的负幂项，原因在于 $f(z)$ 在 $z=0$ 处是解析的，上式实际就是 $f(z)$ 在 $|z|<1$ 内的泰勒展开式.

(2) 在 $1<|z|<2$ 内，有 $\left|\frac{1}{z}\right|<1$，$\left|\frac{z}{2}\right|<1$，于是

$$f(z)=\frac{1}{z-2}-\frac{1}{z-1}=-\frac{1}{2}\frac{1}{1-\frac{z}{2}}-\frac{1}{z}\frac{1}{1-\frac{1}{z}}=-\frac{1}{2}\sum_{n=0}^{\infty}\left(\frac{z}{2}\right)^n-\frac{1}{z}\sum_{n=0}^{\infty}\left(\frac{1}{z}\right)^n$$

$$=-\sum_{n=0}^{\infty}\frac{z^n}{2^{n+1}}-\sum_{n=0}^{\infty}\frac{1}{z^{n+1}}$$

(3) 在 $2<|z|<+\infty$ 内，有 $\left|\frac{1}{z}\right|<1$，$\left|\frac{2}{z}\right|<1$，于是

$$f(z)=\frac{1}{z-2}-\frac{1}{z-1}=\frac{1}{z}\frac{1}{1-\frac{2}{z}}-\frac{1}{z}\frac{1}{1-\frac{1}{z}}=\frac{1}{z}\sum_{n=0}^{\infty}\left(\frac{2}{z}\right)^n-\frac{1}{z}\sum_{n=0}^{\infty}\left(\frac{1}{z}\right)^n$$

$$=\sum_{n=0}^{\infty}\frac{2^n-1}{z^{n+1}}$$

(4) 在 $0<|z-1|<1$ 内，有

$$f(z)=\frac{1}{z-2}-\frac{1}{z-1}=\frac{1}{(z-1)-1}-\frac{1}{z-1}=-\frac{1}{1-(z-1)}-\frac{1}{z-1}$$

$$=-\sum_{n=0}^{\infty}(z-1)^n-\frac{1}{z-1}$$

由以上两例我们应该注意：一个函数 $f(z)$ 在以 z_0 为中心的圆环域内的洛朗级数中尽管含有 $z-z_0$ 的负幂项，而且 z_0 又是这些项的奇点，但是 z_0 可能是 $f(z)$ 的奇点，也可能不是 $f(z)$ 的奇点. 例 1 中圆环域的中心 $z=0$ 既是负幂项的奇点，同时也是函数 $f(z)=\frac{e^z}{z^2}$ 的奇点，对例 2 的 (4) 中圆环域的中心 $z=1$ 有相同的结论. 然而例 2 的 (2) 和 (4) 中圆环域的中心 $z=0$ 是负幂项的奇点，但却不是函数 $f(z)=\frac{1}{(z-1)(z-2)}$ 的奇点. 这也说明函数可以在以复平面内任一点 z_0 为中心的由奇点隔开的不同圆环域内解析，且在各个圆环域内有不同的洛朗展开式（包括泰勒展开式作为它的特例）. 这与洛朗展开式的唯一性并不矛盾，因为唯一性是指函数在某一个给定的圆环域内的洛朗展开式是唯一的. 由于在展开式的收敛圆环域的内外圆周上都有 $f(z)$ 的奇点，或者外圆周的半径为无穷大，据此我们可以确定函数有多少个不同的解析圆环域（包括圆域），从而确定有多少个不同的洛朗展开式（包括泰勒展开式作为它的特例）. 例如函数

$$f(z)=\frac{1-3i}{z(z+i)}$$

在复平面内有两个奇点：$z=0$ 和 $z=-i$，分别在以 i 为中心的圆周：$|z-i|=1$ 和 $|z-i|=2$ 上. 因此，$f(z)$ 在以 i 为中心的圆环域（包括圆域）内的展开式有以下三个.

(1) 在 $|z-i|<1$ 中的泰勒展开式；

(2) 在 $1<|z-i|<2$ 中的洛朗展开式；

(3) 在 $2<|z-i|<+\infty$ 中的洛朗展开式.

最后请读者结合上面的阐述思考下面这个问题：$f(z)$ 在以奇点 $z=-\mathrm{i}$ 为中心的圆环域（包括圆域）内的展开式有几个？

习　题　四

1. 填空题

(1) 若幂级数 $\sum\limits_{n=0}^{\infty} c_n(z+\mathrm{i})^n$ 在 $z=\mathrm{i}$ 处发散，那么该级数在 $z=2$ 处的收敛性为________.

(2) 设幂级数 $\sum\limits_{n=0}^{\infty} c_n z^n$ 的收敛半径为 R，幂级数 $\sum\limits_{n=0}^{\infty}(2^n-1)c_n z^n$ 的收敛半径为________.

(3) 设 $\sum\limits_{n=1}^{\infty} a_n z^n$ 的收敛域为 $|z|<R$，则幂级数 $\sum\limits_{n=1}^{\infty} a_n(z+1)^n$ 的收敛域为________.

(4) 幂级数 $\sum\limits_{n=1}^{\infty} \dfrac{n}{2^n}(z-\mathrm{i})^n$ 的收敛圆的中心为________，收敛半径为________.

(5) 设 $f(z)=\dfrac{\mathrm{e}^{\frac{1}{z+1}}}{z(z-3)}$ 的泰勒级数为 $\sum\limits_{n=0}^{\infty} c_n(z-2)^n$，则其收敛半径为________.

(6) 函数 $\ln(2+z)$ 在 $z=0$ 处的泰勒级数为________.

(7) 设 $f(z)=\dfrac{\cos z}{z^2(z-\mathrm{i})}$ 的洛朗级数展开式为 $\sum\limits_{n=-\infty}^{+\infty} c_n(z-\mathrm{i})^n$，则其收敛圆环域为________.

(8) 双边幂级数 $\sum\limits_{n=1}^{\infty}(-1)^n\dfrac{1}{(z-2)^n}+\sum\limits_{n=1}^{\infty}(-1)^n\left(1-\dfrac{z}{2}\right)^n$ 的收敛域为________.

(9) 函数 $\mathrm{e}^z+\mathrm{e}^{\frac{1}{z}}$ 在 $0<|z|<+\infty$ 内洛朗展开式为________.

(10) 函数 $\dfrac{1}{z(z-\mathrm{i})}$ 在 $1<|z-\mathrm{i}|<+\infty$ 内的洛朗展开式为________.

2. 单项选择题

(1) 复级数 $\sum\limits_{n=1}^{\infty}\alpha_n=\sum\limits_{n=1}^{\infty}(a_n+\mathrm{i}b_n)$ 收敛的充要条件是（　）.

(A) $|\alpha_n|\to 0$　　(B) $\sum\limits_{n=1}^{\infty}|\alpha_n|$ 收敛

(C) $\sum\limits_{n=1}^{\infty}a_n$ 及 $\sum\limits_{n=1}^{\infty}b_n$ 都收敛　　(D) $\sum\limits_{n=1}^{\infty}a_n$ 及 $\sum\limits_{n=1}^{\infty}b_n$ 至少有一个收敛

(2) 设 $a_n=\dfrac{(-1)^n+n\mathrm{i}}{n+4},(n=1,2,\cdots)$，则 $\lim\limits_{n\to\infty}a_n$（　）.

(A) 等于 0　　(B) 等于 1　　(C) 等于 i　　(D) 不存在

(3) 复级数 $\sum\limits_{n=1}^{\infty}\dfrac{\mathrm{i}^n}{n}$（　）.

(A) 条件收敛　　(B) 绝对收敛

(C) 发散　　(D) 以上都不是

(4) 下列级数中，条件收敛的级数为（　）.

(A) $\sum\limits_{n=1}^{\infty}\left(\dfrac{1+3\mathrm{i}}{2}\right)^n$　　(B) $\sum\limits_{n=1}^{\infty}\dfrac{(3+4\mathrm{i})^n}{n!}$

(C) $\sum_{n=1}^{\infty}\frac{i^n}{n}$　　(D) $\sum_{n=1}^{\infty}\frac{(-1)^n+i}{\sqrt{n+1}}$

(5) 下列级数中，绝对收敛的级数为（　　）.

(A) $\sum_{n=1}^{\infty}\frac{1}{n}\left(1+\frac{i}{n}\right)$　　(B) $\sum_{n=1}^{\infty}\left[\frac{(-1)^n}{n}+\frac{i}{2^n}\right]$

(C) $\sum_{n=2}^{\infty}\frac{i^n}{\ln}$　　(D) $\sum_{n=1}^{\infty}\frac{(-1)^n i^n}{2^n}$

(6) 若幂级数 $\sum_{n=0}^{\infty}c_n z^n$ 在 $z=1+2i$ 处收敛，那么该级数在 $z=2$ 处的敛散性为（　　）.

(A) 绝对收敛　　(B) 条件收敛

(C) 发散　　(D) 不能确定

(7) 幂级数 $\sum_{n=1}^{\infty}\frac{nz^n}{2^n}$ 的收敛半径 $R=$________.

(A) 0　　(B) 1　　(C) 2　　(D) $\frac{1}{2}$

(8) 在圆 K：$|z-a|<R$ 内的解析函数 $f(z)=\sum_{n\to\infty}^{\infty}C_n(z-a)^n$，则 $C_n=$________.

(A) $\frac{n!}{2\pi i}\int_\Gamma\frac{f(\zeta)d\zeta}{(\zeta-a)^{n+1}}$　　(B) $\frac{1}{2\pi i}\int_\Gamma\frac{f(\zeta)d\zeta}{(\zeta-a)^{n+1}}$

(C) $\frac{(n-1)!}{2\pi i}\int_\Gamma\frac{f(\zeta)d\zeta}{(\zeta-a)^n}$　　(D) $\frac{1}{2\pi i}\int_\Gamma\frac{f(\zeta)d\zeta}{(\zeta-a)^n}$

（其中 Γ：$|z-a|=r$，$0<r<R$）

(9) 函数$\frac{\sin z}{z}$在 $0<|z|<+\infty$的洛朗展式的洛朗系数 C_{-2}，C_2 分别为________.

(A) $3!$，$\frac{1}{3!}$　　(B) 0，$\frac{1}{3!}$　　(C) $3!$，0　　(D) 0，$-\frac{1}{3!}$

(10) 设 $f(z)$ 在圆环域 H：$R_1<|z-z_0|<R_2$ 内的洛朗展开式为 $\sum_{n=-\infty}^{\infty}c_n(z-z_0)^n$，$C$ 为 H 内绕 z_0 的任一条正向简单闭曲线，那么$\oint_C\frac{f(z)}{(z-z_0)^2}dz=$（　　）.

(A) $2\pi ic_{-1}$　　(B) $2\pi ic_1$　　(C) $2\pi ic_2$　　(D) $2\pi if'(z_0)$

3. 判别下列级数的绝对收敛性与收敛性.

(1) $\sum_{n=1}^{\infty}\frac{(-1)^n i^n}{2^n}$；　(2) $\sum_{n=1}^{\infty}\left[\frac{(-1)^n}{n}+\frac{i}{2^n}\right]$.

4. 试确定下列幂级数的收敛半径.

(1) $\sum_{n=1}^{\infty}\frac{z^n}{n}$；　(2) $\sum_{n=0}^{\infty}\frac{2^n}{n!}z^n$.

5. 求下列各函数在指定点 z_0 处的泰勒展开式，并指出它们的收敛半径.

(1) $\frac{1}{(1+z^2)^2}$，$z_0=0$；　(2) $\frac{1}{z^2}$，$z_0=-1$.

6. 把下列各函数展开成 z 的幂级数，并指出它们的收敛半径.

(1) $\cos z^2$；　(2) $\ln(z^2-3z+2)$.

7. 将 $f(z)=\dfrac{1}{z(1-z)^2}$ 分别在下列圆环域内展成洛朗级数.

(1) $0<|z|<1$；(2) $1<|z-1|<+\infty$.

8. 将 $f(z)=\dfrac{1}{z^2-3z+2}$ 在下列圆环域内展开成洛朗级数.

(1) $1<|z|<2$；(2) $2<|z|<\infty$.

9. 将 $f(z)=\dfrac{1}{z^2(z+1)^3}$ 在圆环域 $0<|z+1|<1$ 内展开成洛朗级数.

第五章　留 数 及 其 应 用

本章首先以洛朗级数为工具对解析函数的孤立奇点进行分类，再对它在孤立奇点邻域内的性质进行研究，最后给出留数的概念、留数的计算方法及留数定理，并介绍了留数理论的一些实际应用.

第一节　孤　立　奇　点

一、孤立奇点的分类

定义 1　如果函数 $f(z)$ 在 z_0 处不解析，但在 z_0 的某个去心邻域 $0<|z-z_0|<\delta$ 内处处解析，则称 z_0 为 $f(z)$ 的孤立奇点.

例如，$z=0$ 是函数$\frac{\sin z}{z}$，$\sin\frac{1}{z}$，$e^{\frac{1}{z}}$的孤立奇点，$z=-1$ 是$\frac{2}{z+1}$的孤立奇点. 显然函数的孤立奇点一定是其奇点，但奇点并非都是孤立奇点，如函数 $f(z)=\frac{z}{\sin\frac{1}{z}}$，它的奇点包括 $z=0$，$z_k=\frac{1}{k\pi}$ $(k=\pm1, \pm2, \cdots)$，但由于$\lim\limits_{k\to\infty}\frac{1}{k\pi}=0$，即在 $z=0$ 的无论多么小的去心邻域内，总有 $f(z)$ 的形如 $z_k=\frac{1}{k\pi}$的奇点存在，所以 $z=0$ 不是函数的孤立奇点.

如果 z_0 是函数 $f(z)$ 的孤立奇点，则 $f(z)$ 在 z_0 的某一个去心邻域内解析，由第四章第四节内容可知 $f(z)$ 在该去心邻域内可展开成洛朗级数. 而我们也注意到，函数 $f(z)$ 在 z_0 处的奇异性质完全体现在洛朗级数中的负幂项部分，即级数的主要部分 $\sum\limits_{n=1}^{\infty}c_{-n}(z-z_0)^{-n}$. 主要部分项数越少，函数在 z_0 处的性态就越简单，否则就越复杂. 因此，我们根据洛朗级数中主要部分的不同情况对函数 $f(z)$ 的孤立奇点进行分类.

定义 2　如果函数 $f(z)$ 的洛朗级数中不含 $z-z_0$ 的负幂项，则称孤立奇点 z_0 是 $f(z)$ 的可去奇点.

定义 3　如果函数 $f(z)$ 的洛朗级数中只含有限多个 $z-z_0$ 的负幂项，则称孤立奇点 z_0 是 $f(z)$ 的极点. 如果其中关于 $(z-z_0)^{-1}$的最高次幂为 $(z-z_0)^{-m}$，则称 z_0 是 $f(z)$ 的 m 阶（级）极点. 1 阶极点也称为简单极点.

定义 4　如果函数 $f(z)$ 的洛朗级数中含有无穷多个 $z-z_0$ 的负幂项，则称孤立奇点 z_0 是 $f(z)$ 的本性奇点.

二、各类奇点的判定

下面分别讨论函数在各类奇点邻域内的性质，并给出相应的判别方法.

1. 可去奇点

当 z_0 是 $f(z)$ 的可去奇点时，$f(z)$ 在 z_0 的去心邻域 $0<|z-z_0|<\delta$ 内的洛朗级数就

是一个普通的幂级数

$$c_0+c_1(z-z_0)+\cdots+c_n(z-z_0)^n+\cdots$$

该幂级数的和函数 $S(z)$ 在圆域 $|z-z_0|<\delta$ 内解析，且 $S(z_0)=c_0$. 因此不论 $f(z)$ 在 z_0 处原来是否有定义，只要令 $f(z_0)=c_0$，则在圆域 $|z-z_0|<\delta$ 内有 $f(z)=S(z)$，z_0 就成为 $f(z)$ 的解析点，这也是称 z_0 为可去奇点的原因.

定理 1 若 z_0 是 $f(z)$ 的孤立奇点，则以下三个条件等价.

(1) $f(z)$ 的洛朗级数中不含 $z-z_0$ 的负幂项；

(2) $\lim\limits_{z\to z_0}f(z)=c_0(\neq\infty)$，$c_0$ 为复常数；

(3) $f(z)$ 在 z_0 的某去心邻域内有界.

证 (1) ⇒ (2). 由 (1) 知

$$f(z)=c_0+c_1(z-z_0)+\cdots+c_n(z-z_0)^n+\cdots,\ (0<|z-z_0|<\delta)$$

上式右端幂级数的和函数 $S(z)$ 在圆域 $|z-z_0|<\delta$ 内解析，且当 $z\neq z_0$ 时，$S(z)=f(z)$. 因此

$$\lim_{z\to z_0}f(z)=\lim_{z\to z_0}S(z)=S(z_0)=c_0$$

(2) ⇒ (3). 根据函数极限的性质，是显然的.

(3) ⇒ (1). 若 $f(z)$ 在 z_0 的某去心邻域内有界，即存在 $\delta>0$ 和 $M>0$，在 z_0 的去心邻域 $0<|z-z_0|<\delta$ 内，有 $|f(z)|\leqslant M$.

取圆周 C：$|z-z_0|=r$ ($0<r<\delta$，r 可任意小)，则对 $f(z)$ 在 $0<|z-z_0|<\delta$ 内洛朗级数的系数 c_n 有

$$|c_n|=\left|\frac{1}{2\pi i}\oint_C\frac{f(\zeta)}{(\zeta-z_0)^{n+1}}d\zeta\right|\leqslant\frac{1}{2\pi}\cdot\frac{M}{r^{n+1}}\cdot 2\pi r=\frac{M}{r^n}$$

当 $n<0$ 时，令 $r\to 0$，得 $c_n=0$，即 (1) 成立.

定理 1 揭示了函数在其可去奇点去心邻域内的状态，也给出了我们判定可去奇点的相应方法.

例 1 讨论函数 $f(z)=\dfrac{\sin z}{z}$ 的孤立奇点的类型.

解 函数 $f(z)$ 的孤立奇点只有 $z=0$，且在 $0<|z|<+\infty$ 内的洛朗展开式为

$$\frac{\sin z}{z}=1-\frac{1}{3!}z^2+\frac{1}{5!}z^4-\cdots$$

级数中不含负幂项，因此 $z=0$ 是 $\dfrac{\sin z}{z}$ 的可去奇点.

本例也可采用定理 1 中的 (2) 即极限判别法来判定，可由 $\lim\limits_{z\to 0}\dfrac{\sin z}{z}=1$ 得出同样的结论.

2. 极点

如果 z_0 是 $f(z)$ 的 m 阶极点，则有

$$f(z)=c_{-m}(z-z_0)^{-m}+\cdots+c_{-2}(z-z_0)^{-2}+c_{-1}(z-z_0)^{-1}+c_0+c_1(z-z_0)+\cdots \tag{5-1}$$

其中 $m\geqslant 1$，$c_{-m}\neq 0$.

定理 2 $f(z)$ 的孤立奇点 z_0 是 m 阶极点的充要条件是在 z_0 的某一去心邻域内

$$f(z)=\frac{\varphi(z)}{(z-z_0)^m} \tag{5-2}$$

其中 $\varphi(z)$ 在 z_0 处解析，且 $\varphi(z_0)\neq 0$.

证 先证必要性. 若 z_0 是 $f(z)$ 的 m 阶极点，则式（5-1）成立. 将式（5-1）改写成

$$f(z)=\frac{\varphi(z)}{(z-z_0)^m}$$

其中 $\varphi(z)=c_{-m}+c_{-m+1}(z-z_0)+c_{-m+2}(z-z_0)^2+\cdots$. 则显然 $\varphi(z)$ 在 z_0 解析，并且 $\varphi(z_0)=c_{-m}\neq 0$.

再证充分性. 如果有式（5-2）成立，将 $\varphi(z)$ 在 z_0 的某一邻域内展开成泰勒级数，结合 $\varphi(z_0)\neq 0$，不难推出 z_0 是 $f(z)$ 的 m 阶极点.

推论 1 $f(z)$ 的孤立奇点 z_0 是 m 阶极点的充要条件是 $\lim\limits_{z\to z_0}(z-z_0)^m f(z)=c_{-m}$，其中 m 是一个正整数，c_{-m} 是一个不等于 0 的复常数.

例 2 研究函数 $f(z)=\dfrac{2z+1}{z^3(z-2)}$ 的孤立奇点的类型.

解 函数 $f(z)$ 的孤立奇点是 $z=0$ 和 $z=2$. 由于在 $z=0$ 和 $z=2$ 附近 $f(z)$ 可分别表示成

$$f(z)=\frac{\dfrac{2z+1}{(z-2)}}{z^3} \text{ 和 } f(z)=\frac{\dfrac{2z+1}{z^3}}{z-2}$$

而函数 $\varphi(z)=\dfrac{2z+1}{(z-2)}$ 在 $z=0$ 处解析，且 $\varphi(0)=-\dfrac{1}{2}\neq 0$. 因此 $z=0$ 是 $f(z)$ 的三阶极点. 同理 $z=2$ 是 $f(z)$ 的简单极点.

本例也可使用推论 1 来处理，请读者自己去思考并验证.

例 3 试问 $z=0$ 是函数 $\dfrac{e^z-1}{z^2}$ 的二阶极点吗?

解 由于在 $0<|z|<\infty$ 内，有

$$\begin{aligned}\frac{e^z-1}{z^2}&=\frac{1}{z^2}\left(\sum_{n=0}^{\infty}\frac{z^n}{n!}-1\right)\\&=\frac{1}{z}+\frac{1}{2!}+\frac{z}{3!}+\cdots\end{aligned}$$

由极点定义知 $z=0$ 是函数 $\dfrac{e^z-1}{z^2}$ 的简单极点，而不是二阶极点.

该例说明不能仅以函数的表面形式就对极点的阶数作出判断. 在使用定理 2 及推论 1 时一定要验证里面的条件是否都符合.

为了更好地研究函数的极点，下面我们讨论函数的极点与零点的关系.

定义 5 如果函数 $f(z)=(z-z_0)^m\varphi(z)$，其中 m 为某一正整数，$\varphi(z)$ 在 z_0 解析，且 $\varphi(z_0)\neq 0$，则称 z_0 是 $f(z)$ 的 m 阶（级）零点.

由定义 5 易知，$z=1$ 和 $z=2$ 分别是函数 $f(z)=(z-2)(z-1)^3$ 的三阶和一阶零点.

由于定义中的 $\varphi(z)$ 在 z_0 解析，且 $\varphi(z_0)\neq 0$，由连续函数的性质可知在 z_0 的某一邻域

内有 $\varphi(z)\neq 0$，因此 $f(z)=(z-z_0)^m\varphi(z)$ 在 z_0 的去心邻域内不为零. 即一个不恒为零的解析函数的零点是孤立的.

下面给出判断函数零点的一个方法.

定理 3 如果函数 $f(z)$ 在 z_0 解析，则 z_0 为 $f(z)$ 的 m 阶零点的充要条件是

$$f^{(n)}(z_0)=0(n=0,1,2,\cdots,m-1),\quad f^{(m)}(z_0)\neq 0$$

例 4 试问 $z=0$ 是函数 $f(z)=z-\sin z$ 的几阶零点？

解 由于

$$f'(z)=1-\cos z,\quad f'(0)=1-1=0$$
$$f''(z)=\sin z,\quad f''(0)=0$$
$$f'''(z)=\cos z,\quad f'''(0)=1\neq 0$$

由定理 3 知 $z=0$ 是 $f(z)$ 的三阶零点.

函数的极点与零点有下面的关系.

定理 4 z_0 是 $f(z)$ 的 m 阶极点的充要条件是 z_0 是 $\frac{1}{f(z)}$ 的 m 阶零点.

证 先证必要性. 如果 z_0 是 $f(z)$ 的 m 阶极点，则

$$f(z)=\frac{\varphi(z)}{(z-z_0)^m}$$

其中 $\varphi(z)$ 在 z_0 解析，且 $\varphi(z_0)\neq 0$. 于是，当 $z\neq z_0$ 时，有

$$\frac{1}{f(z)}=\frac{(z-z_0)^m}{\varphi(z)}$$

显然 $\frac{1}{\varphi(z)}$ 在 z_0 解析，且 $\frac{1}{\varphi(z_0)}\neq 0$. 由于

$$\lim_{z\to z_0}\frac{1}{f(z)}=0$$

因此 z_0 是 $\frac{1}{f(z)}$ 的可去奇点，只要令 $\frac{1}{f(z_0)}=0$，则 z_0 就是 $\frac{1}{f(z)}$ 的 m 阶零点.

再证充分性. 如果 z_0 是 $\frac{1}{f(z)}$ 的 m 阶零点，则

$$\frac{1}{f(z)}=(z-z_0)^m g(z)$$

其中 $g(z)$ 在 z_0 解析，且 $g(z_0)\neq 0$. 于是，当 $z\neq z_0$ 时，有

$$f(z)=\frac{1}{(z-z_0)^m}\frac{1}{g(z)}$$

显然 $\frac{1}{g(z)}$ 在 z_0 解析，且 $\frac{1}{g(z_0)}\neq 0$. 因此 z_0 就是 $f(z)$ 的 m 阶极点.

该定理为我们判断函数的极点开辟了新思路.

例 5 函数 $\frac{1}{\sin z}$ 有哪些奇点？如果是极点，指出其阶数.

解 函数 $\frac{1}{\sin z}$ 的奇点是 $z=k\pi(k=0，\pm 1，\pm 2，\cdots)$，且均为孤立奇点. 由于

$$(\sin z)'\big|_{z=k\pi}=\cos z\big|_{z=k\pi}=(-1)^k\neq 0$$

所以 $z=k\pi$ 是 $\sin z$ 的一阶零点，由定理 4 知它们是 $\frac{1}{\sin z}$ 的一阶极点.

推论 2 $f(z)$ 的孤立奇点 z_0 为极点的充要条件是$\lim\limits_{z\to z_0}f(z)=\infty$.

以上几个判断极点的方法（包括定义）各有千秋，我们在处理问题时要能够灵活运用.

3. 本性奇点

对于本性奇点，除了利用定义来判定之外．结合定理 1 和推论 2，可以得到

定理 5 z_0 是 $f(z)$ 的本性奇点的充要条件是$\lim\limits_{z\to z_0}f(z)$ 不存在且不为∞.

例 6 讨论函数 $e^{\frac{1}{z}}$ 的孤立奇点的类型.

解 函数 $e^{\frac{1}{z}}$ 的孤立奇点是 $z=0$，因为$\lim\limits_{z\to 0}e^{\frac{1}{z}}$不存在且不为$\infty$，所以 $z=0$ 是其本性奇点.

事实上，在 $0<|z|<\infty$内，有

$$e^{\frac{1}{z}}=1+z^{-1}+\frac{1}{2!}z^{-2}+\cdots+\frac{1}{n!}z^{-n}+\cdots$$

由于含有无穷多个 z 的负幂项，由定义亦知 $z=0$ 是函数 $e^{\frac{1}{z}}$ 的本性奇点.

三、函数在无穷远点的性态

前面我们讨论了函数在有限远孤立奇点处的性质．在考虑解析函数的孤立奇点时把无穷远点放进去，会给我们解决问题带来诸多便利.

定义 6 如果函数 $f(z)$ 在无穷远点 $z=\infty$的去心邻域 $R<|z|<+\infty$内解析，则称∞为 $f(z)$ 的孤立奇点.

利用倒数变换将无穷远点变为坐标原点，这是我们处理无穷远点作为孤立奇点的方法.

设点 $z=\infty$是函数 $f(z)$ 的孤立奇点，作变换 $w=\frac{1}{z}$，该变换将扩充 z 平面上无穷远点 $z=\infty$的去心邻域 $R<|z|<+\infty$映射为扩充 w 平面上原点的去心邻域 $0<|w|<\frac{1}{R}$（若 $R=0$，则规定$\frac{1}{R}=+\infty$）．记

$$f(z)=f\left(\frac{1}{w}\right)=\varphi(w)$$

这样，我们可把在 $z=\infty$的去心邻域 $R<|z|<+\infty$内对 $f(z)$ 的研究变为在 $w=0$ 的去心邻域 $0<|w|<\frac{1}{R}$内对 $\varphi(w)$ 的研究．显然，$\varphi(w)$ 在 $w=0$ 的去心邻域 $0<|w|<\frac{1}{R}$内解析，由于 $\varphi(w)$ 在 $w=0$ 没有定义，故 $w=0$ 是 $\varphi(w)$ 的一个孤立奇点.

定义 7 如果 $w=0$ 是 $\varphi(w)$ 的可去奇点、m 阶极点或本性奇点，则相应地称 $z=\infty$是 $f(z)$ 的可去奇点、m 阶极点或本性奇点.

例如，因为 $w=0$ 是 $\varphi(w)=\frac{1}{w}$的简单极点，故 $z=\infty$是 $f(z)=z$ 的简单极点．又 $w=0$ 是 $\varphi(w)=e^{\frac{1}{w}}$的本性奇点，故 $z=\infty$就是 $f(z)=e^z$ 的本性奇点.

类似有限远点的情况，由于$\lim\limits_{z\to\infty}f(z)=\lim\limits_{w\to 0}\varphi(w)$，结合前面的内容可得如下定理.

定理 6 $f(z)$ 的孤立奇点 $z=\infty$是其可去奇点、m 阶极点或本性奇点的充要条件分别

是$\lim\limits_{z\to\infty}f(z)$ 为有限值、无穷大或不存在且不为无穷大.

我们也可以根据 $f(z)$ 在 $R<|z|<+\infty$内的洛朗展开式来判断孤立奇点 $z=\infty$的类型. 假设 $f(z)$ 在 $R<|z|<+\infty$内的洛朗展开式为

$$f(z)=\sum_{n=1}^{\infty}c_{-n}z^{-n}+c_0+\sum_{n=1}^{\infty}c_nz^n \tag{5-3}$$

则

$$\varphi(w)=f\left(\frac{1}{w}\right)=\sum_{n=1}^{\infty}c_{-n}w^{n}+c_0+\sum_{n=1}^{\infty}c_nw^{-n} \tag{5-4}$$

根据 $w=0$ 是 $\varphi(w)$ 的可去奇点、m 阶极点或本性奇点的定义，再结合定义 7，可得以下定理.

定理 7 $f(z)$ 的孤立奇点 $z=\infty$是其可去奇点、m 阶极点、本性奇点的充要条件分别是 $f(z)$ 的洛朗展开式（5-3）中不含正幂项、含有限多个正幂项且 z^m 为最高正幂项、含无限多个正幂项.

以上两个定理提供了判断孤立奇点 $z=\infty$的类型的方法.

例 7 函数 $f(z)=\dfrac{z}{z+1}$ 是否以 $z=\infty$为孤立奇点？若是，属于哪一类？

解 函数 $f(z)$ 在 $1<|z|<+\infty$内解析，因此 $z=\infty$是它的孤立奇点. 又

$$\lim_{z\to\infty}\frac{z}{z+1}=1$$

所以 $z=\infty$是可去奇点.

实际上，在 $1<|z|<+\infty$内，有

$$f(z)=\frac{1}{1+\dfrac{1}{z}}=1-\frac{1}{z}+\frac{1}{z^2}-\cdots+(-1)^n\frac{1}{z^n}+\cdots$$

由于不含有正幂项，由定理 7 亦知 $z=\infty$是可去奇点.

第二节 留 数

一、留数的概念

如果函数 $f(z)$ 在 z_0 的某邻域内解析，C 为该邻域内的任意一条简单闭曲线，则由柯西积分定理知

$$\oint_C f(z)\mathrm{d}z=0$$

但是，如果 z_0 为 $f(z)$ 的一个孤立奇点，则沿在 z_0 的某去心邻域 $0<|z-z_0|<R$ 内包含 z_0 的任意一条正向简单闭曲线 C 的积分$\oint_C f(z)\mathrm{d}z$ 一般就不等于零. 为计算该积分的值，将函数 $f(z)$ 在此去心邻域内展开成洛朗级数

$$\begin{aligned}f(z)=&\cdots+c_{-n}(z-z_0)^{-n}+\cdots+c_{-1}(z-z_0)^{-1}\\&+c_0+c_1(z-z_0)+\cdots+c_n(z-z_0)^n+\cdots\end{aligned}$$

对上式两端沿 C 积分，注意到右端各项可以逐项积分，由前面的知识可得

$$\oint_C f(z)\mathrm{d}z = 2\pi \mathrm{i} c_{-1}$$

$f(z)$ 在孤立奇点 z_0 处的洛朗展开式中负一次幂项的系数 c_{-1} 是积分过程中唯一残留下来的系数，由此可见，c_{-1} 在研究函数的积分中特别重要.

定义 1 设 z_0 是 $f(z)$ 的一个孤立奇点，称 $f(z)$ 在 z_0 处的洛朗展开式中负一次幂项的系数 c_{-1} 为 $f(z)$ 在 z_0 处的留数. 记为 $\mathrm{Res}[f(z), z_0]$.

由前面的讨论，易知

$$\mathrm{Res}[f(z),z_0] = c_{-1} = \frac{1}{2\pi\mathrm{i}}\oint_C f(z)\mathrm{d}z$$

其中 C 为孤立奇点 z_0 的去心邻域内包含 z_0 的任意正向简单闭曲线.

例 1 求下列函数在孤立奇点 0 处的留数.

（1）$\dfrac{\sin z}{z}$；（2）$z^2\mathrm{e}^{\frac{1}{z}}$.

解 （1）易知 $z=0$ 是 $\dfrac{\sin z}{z}$ 的可去奇点，故 $\mathrm{Res}\left[\dfrac{\sin z}{z},0\right]=0$.

（2）由于在 $0<|z|<+\infty$ 内

$$z^2\mathrm{e}^{\frac{1}{z}} = z^2\left(1+z^{-1}+\frac{1}{2!}z^{-2}+\cdots+\frac{1}{n!}z^{-n}+\cdots\right)$$

$$= z^2+z+\frac{1}{2!}+\frac{1}{3!}z^{-1}+\frac{1}{4!}z^{-2}+\cdots$$

所以

$$\mathrm{Res}\left[\frac{\sin z}{z},0\right]=\frac{1}{3!}=\frac{1}{6}$$

二、留数定理

关于留数，我们给出下面的定理.

定理 1 （留数定理）设函数 $f(z)$ 在区域 D 内除有限个孤立奇点 z_1，z_2，…，z_n 外处处解析，C 是 D 内包围各奇点的一条正向简单闭曲线，则

$$\oint_C f(z)\mathrm{d}z = 2\pi\mathrm{i}\sum_{k=1}^{n}\mathrm{Res}[f(z),z_k]$$

证 把在 C 内的孤立奇点 $z_k(k=1, 2, \cdots, n)$ 用互不包含也互不相交的正向简单闭曲线 C_k 围绕起来（见图 5-1），则根据复合闭路定理有

$$\oint_C f(z)\mathrm{d}z = \oint_{C_1} f(z)\mathrm{d}z + \oint_{C_2} f(z)\mathrm{d}z + \cdots + \oint_{C_n} f(z)\mathrm{d}z$$

由留数定义易得

$$\oint_C f(z)\mathrm{d}z = 2\pi\mathrm{i}\sum_{k=1}^{n}\mathrm{Res}[f(z),z_k]$$

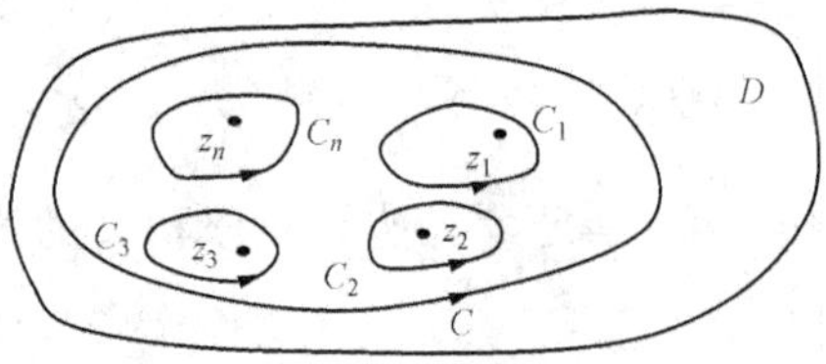

图 5-1

利用留数定理，求函数沿闭路 C 的积分，就转化为求函数在 C 内各孤立奇点处的留数，从而为我们计算函数沿闭路的积分提供了新的方法.

该定理的效用取决于我们能否简便有效地计算出函数 $f(z)$ 在孤立奇点处的留数. 接下来，我们就讨论留数的计算问题.

三、留数的计算

一般说来，求函数在其孤立奇点 z_0 处的留数，根据定义，只需求出它在以 z_0 为中心的圆环内的洛朗级数中负一次幂项的系数 c_{-1} 即可. 然而，并非每个函数在其孤立奇点去心邻域内的洛朗展开式都容易求出. 实际上，如果我们能知道奇点的类型，对求留数更为有利. 例如，若 z_0 是 $f(z)$ 的可去奇点，那么由可去奇点的定义知 $\mathrm{Res}[f(z), z_0]=0$；若 z_0 是 $f(z)$ 的本性奇点，往往只能把 $f(z)$ 展开成洛朗级数得到 c_{-1} 即留数的值，如例 1 中的 (2). 对于 z_0 是极点的情形，我们可以使用下面的计算规则较方便地求留数.

规则 1 如果 z_0 是 $f(z)$ 的 m 阶极点，则

$$\mathrm{Res}[f(z),z_0]=\frac{1}{(m-1)!}\lim_{z\to z_0}\frac{\mathrm{d}^{m-1}}{\mathrm{d}z^{m-1}}[(z-z_0)^m f(z)] \tag{5-5}$$

证 由于 z_0 是 $f(z)$ 的 m 阶极点，则

$$f(z)=c_{-m}(z-z_0)^{-m}+\cdots+c_{-2}(z-z_0)^{-2}+c_{-1}(z-z_0)^{-1}+c_0+c_1(z-z_0)+\cdots$$

以 $(z-z_0)^m$ 乘上式两端，得

$$\begin{aligned}(z-z_0)^m f(z)=&c_{-m}+c_{-m+1}(z-z_0)+\cdots+c_{-1}(z-z_0)^{m-1}\\&+c_0(z-z_0)^m+c_1(z-z_0)^{m+1}+\cdots\end{aligned}$$

对两端求 $m-1$ 阶导数，得

$$\frac{\mathrm{d}^{m-1}}{\mathrm{d}z^{m-1}}[(z-z_0)^m f(z)]=(m-1)!c_{-1}+(\text{含有 } z-z_0 \text{ 正幂的项})$$

令 $z\to z_0$，对上式两端求极限得

$$\lim_{z\to z_0}\frac{\mathrm{d}^{m-1}}{\mathrm{d}z^{m-1}}[(z-z_0)^m f(z)]=(m-1)!c_{-1}$$

所以

$$\mathrm{Res}[f(z),z_0]=c_{-1}=\frac{1}{(m-1)!}\lim_{z\to z_0}\frac{\mathrm{d}^{m-1}}{\mathrm{d}z^{m-1}}[(z-z_0)^m f(z)]$$

特别地，当 $m=1$ 时，即 z_0 是 $f(z)$ 的简单极点时，有

$$\mathrm{Res}[f(z),z_0]=\lim_{z\to z_0}(z-z_0)f(z) \tag{5-6}$$

例 2 求函数 $f(z)=\dfrac{z\mathrm{e}^z}{z^2-1}$ 在各孤立奇点处的留数.

解 易知 $z=\pm1$ 都是函数 $f(z)$ 的简单极点，由式 (5-6) 得

$$\mathrm{Res}[f(z),1]=\lim_{z\to1}\left[(z-1)\frac{z\mathrm{e}^z}{z^2-1}\right]=\lim_{z\to1}\frac{z\mathrm{e}^z}{z+1}=\frac{\mathrm{e}}{2}$$

$$\mathrm{Res}[f(z),-1]=\lim_{z\to-1}\left[(z+1)\frac{z\mathrm{e}^z}{z^2-1}\right]=\lim_{z\to-1}\frac{z\mathrm{e}^z}{z-1}=\frac{\mathrm{e}^{-1}}{2}$$

例 3 求函数 $f(z)=\dfrac{\mathrm{e}^z}{z^n}$ 在 $z=0$ 处的留数.

解 因为 $z=0$ 是 $f(z)$ 的 n 阶极点，由式 (5-5) 得

$$\mathrm{Res}\left[\frac{\mathrm{e}^z}{z^n},0\right]=\frac{1}{(n-1)!}\lim_{z\to0}\frac{\mathrm{d}^{n-1}}{\mathrm{d}z^{n-1}}\left(z^n\frac{\mathrm{e}^z}{z^n}\right)=\frac{1}{(n-1)!}$$

规则 2 设 $f(z)=\dfrac{P(z)}{Q(z)}$，$P(z)$ 和 $Q(z)$ 都在 z_0 处解析，如果 $P(z_0)\neq0$，$Q(z_0)=0$，$Q'(z_0)\neq0$，则 z_0 是 $f(z)$ 的一阶极点，且

$$\text{Res}[f(z),z_0]=\frac{P(z_0)}{Q'(z_0)} \tag{5-7}$$

证 因为 $Q(z_0)=0$，$Q'(z_0)\neq 0$，所以 z_0 是 $Q(z)$ 的一阶零点，从而 z_0 是$\frac{1}{Q(z)}$的一阶极点. 则

$$\frac{1}{Q(z)}=\frac{1}{z-z_0}\varphi(z)$$

其中 $\varphi(z)$ 在 z_0 解析，且 $\varphi(z_0)\neq 0$. 因此

$$f(z)=\frac{1}{z-z_0}g(z)$$

其中 $g(z)=P(z)\varphi(z)$ 在 z_0 解析，且 $g(z_0)=P(z_0)\varphi(z_0)\neq 0$. 故 z_0 是 $f(z)$ 的一阶极点. 由式（5－6）和 $Q(z_0)=0$ 可得

$$\begin{aligned}\text{Res}[f(z),z_0]&=\lim_{z\to z_0}(z-z_0)f(z)\\&=\lim_{z\to z_0}\frac{P(z)}{\dfrac{Q(z)-Q(z_0)}{z-z_0}}=\frac{P(z_0)}{Q'(z_0)}\end{aligned}$$

例 2 亦可采用规则 2 处理，则由式（5－7）得

$$\text{Res}[f(z),1]=\frac{ze^z}{2z}\Big|_{z=1}=\frac{e}{2}$$

$$\text{Res}[f(z),-1]=\frac{ze^z}{2z}\Big|_{z=-1}=\frac{e^{-1}}{2}$$

例 4 计算积分$\oint_C\frac{z}{z^4-1}dz$，C 为正向圆周：$|z|=2$.

解 由于被积函数 $f(z)=\frac{z}{z^4-1}$的四个一阶极点± 1，$\pm i$ 都在圆周$|z|=2$ 内，根据留数定理有

$$\begin{aligned}\oint_C\frac{z}{z^4-1}dz=2\pi i\{&\text{Res}[f(z),1]+\text{Res}[f(z),-1]\\&+\text{Res}[f(z),i]+\text{Res}[f(z),-i]\}\end{aligned}$$

由规则 2，$\frac{P(z)}{Q'(z)}=\frac{z}{4z^3}=\frac{1}{4z^2}$，因此

$$\oint_C\frac{z}{z^4-1}dz=2\pi i\left(\frac{1}{4}+\frac{1}{4}-\frac{1}{4}-\frac{1}{4}\right)=0$$

例 5 计算积分$\oint_{|z|=2}\frac{3z-1}{z(z-1)^2}dz$.

解 $f(z)=\frac{3z-1}{z(z-1)^2}$ 在圆周$|z|=2$ 内有一阶极点 $z=0$ 和二阶极点 $z=1$. 且

$$\text{Res}[f(z),0]=\lim_{z\to 0}z\frac{3z-1}{z(z-1)^2}=\lim_{z\to 0}\frac{3z-1}{(z-1)^2}=-1$$

$$\text{Res}[f(z),1]=\frac{1}{(2-1)!}\lim_{z\to 1}\frac{d}{dz}\left[(z-1)^2\frac{3z-1}{z(z-1)^2}\right]=\lim_{z\to 1}\frac{1}{z^2}=1$$

由留数定理得

$$\oint_{|z|=2}\frac{3z-1}{z(z-1)^2}dz=2\pi i\{\text{Res}[f(z),0]+\text{Res}[f(z),1]\}$$
$$=2\pi i(-1+1)=0$$

例 6　计算积分$\oint_{|z|=3}\frac{e^z-1}{z(z-2)}dz$.

解　$f(z)=\frac{e^z-1}{z(z-2)}$在圆周$|z|=3$内有可去奇点$z=0$和简单极点$z=2$. 且

$$\text{Res}[f(z),0]=0$$
$$\text{Res}[f(z),2]=\lim_{z\to 2}(z-2)\frac{e^z-1}{z(z-2)}=\frac{e^2-1}{2}$$

由留数定理得

$$\oint_{|z|=3}\frac{e^z-1}{z(z-2)}dz=2\pi i\{\text{Res}[f(z),0]+\text{Res}[f(z),2]\}=\pi i(e^2-1)$$

通过以上诸例可以看到，求极点处留数的规则确实为我们解题带来了方便，但是求留数的方法灵活多样，我们应根据具体问题选择比较方便的计算方法，而不要拘泥于套用规则中的公式. 比如例 7.

例 7　求函数$f(z)=\frac{P(z)}{Q(z)}=\frac{z-\sin z}{z^6}$在$z=0$处的留数.

解　由于函数$f(z)$在$z=0$附近的洛朗展开式为

$$\frac{z-\sin z}{z^6}=\frac{1}{z^6}\left[z-\left(z-\frac{z^3}{3!}+\frac{z^5}{5!}-\cdots\right)\right]=\frac{1}{3!z^3}-\frac{1}{5!z}+\cdots$$

因此

$$\text{Res}\left[\frac{z-\sin z}{z^6},0\right]=c_{-1}=-\frac{1}{5!}$$

若要使用规则 1，容易判断$z=0$是分子$z-\sin z$的三阶零点，是分母z^6的六阶零点，从而是$f(z)$的三阶极点. 由式（5-5）

$$\text{Res}[f(z),0]=\frac{1}{(3-1)!}\lim_{z\to 0}\frac{d^2}{dz^2}\left(z^3\frac{z-\sin z}{z^6}\right)$$
$$=\frac{1}{2!}\lim_{z\to 0}\frac{d^2}{dz^2}\left(\frac{z-\sin z}{z^3}\right)$$

往下的运算是比较复杂的，我们不再进行.

四、无穷远点的留数

定义 2　设函数$f(z)$在圆环域$R<|z|<+\infty$内解析，C为该圆环域内绕原点的任何一条正向简单闭曲线，则称积分

$$\frac{1}{2\pi i}\oint_{C^-}f(z)dz \tag{5-8}$$

为$f(z)$在∞点的留数，记为

$$\text{Res}[f(z),\infty]=\frac{1}{2\pi i}\oint_{C^-}f(z)dz$$

值得注意的是这里的积分路线C^-是指顺时针方向，这个方向可以看作是围绕无穷远点的曲线正向.

若$f(z)$在$R<|z|<+\infty$内的洛朗展开式为

$$f(z)=\sum_{n=-\infty}^{\infty}c_nz^n$$

则由式（5－8）得

$$\text{Res}[f(z),\infty]=-c_{-1}$$

也就是说，$f(z)$ 在∞点的留数等于它在∞点的去心邻域 $R<|z|<+\infty$ 内洛朗展开式中 z^{-1} 的系数反号．由此可知，即使∞点为 $f(z)$ 的可去奇点，则 $\text{Res}[f(z),\infty]$ 也不一定等于零，此时只能表明 $f(z)$ 的洛朗展开式中不含有 z 正幂项．如 $z=\infty$ 是函数 $f(z)=\dfrac{1}{z}$ 的可去奇点，但 $\text{Res}\left[\dfrac{1}{z},\infty\right]=-1$.

下面的定理在计算留数时是很有用的.

定理 2 如果函数 $f(z)$ 在扩充复平面内只有有限个孤立奇点（包括∞点），则 $f(z)$ 在所有奇点处的留数之和为零.

证 除∞点外，设 $f(z)$ 的有限个奇点为 z_1，z_2，…，z_n．以原点为圆心作半径足够大的正向圆周 C，使 $z_k(k=1,2,\cdots,n)$ 全在 C 内．则由留数定理得

$$\frac{1}{2\pi i}\oint_C f(z)dz=\sum_{k=1}^{n}\text{Res}[f(z),z_k]$$

再根据∞点的留数定义，得

$$\begin{aligned}\text{Res}[f(z),\infty]+\sum_{k=1}^{n}\text{Res}[f(z),z_k]&=\frac{1}{2\pi i}\oint_{C^-}f(z)dz+\frac{1}{2\pi i}\oint_C f(z)dz\\&=0\end{aligned}$$

关于在∞点的留数计算，我们给出下面的计算规则.

规则 3 $\text{Res}[f(z),\infty]=-\text{Res}\left[f\left(\dfrac{1}{z}\right)\dfrac{1}{z^2},0\right]$.

此规则证明略.

定理 2 和规则 3 为我们提供了计算函数沿闭曲线积分的新途径.

例 8 换种方法解决例 4，计算积分 $\oint_C\dfrac{z}{z^4-1}dz$，$C$ 为正向圆周：$|z|=2$.

解 函数 $f(z)=\dfrac{z}{z^4-1}$ 在 $|z|=2$ 的外部，除∞点外没有其他奇点．由定理 2 和规则 3

$$\begin{aligned}\oint_C\frac{z}{z^4-1}dz&=-2\pi i\text{Res}[f(z),\infty]\\&=2\pi i\text{Res}\left[f\left(\frac{1}{z}\right)\frac{1}{z^2},0\right]\\&=2\pi i\text{Res}\left[\frac{z}{1-z^4},0\right]\\&=0\end{aligned}$$

例 9 计算积分 $\oint_C\dfrac{dz}{(z+i)^{10}(z-1)(z-3)}$，$C$ 为正向圆周：$|z|=2$.

解 函数 $f(z)=\dfrac{1}{(z+i)^{10}(z-1)(z-3)}$ 除∞点外，其他奇点为 $-i$，1，3．由定理

2 得

$$\text{Res}[f(z),-\mathrm{i}]+\text{Res}[f(z),1]+\text{Res}[f(z),3]+\text{Res}[f(z),\infty]=0$$

由于$-\mathrm{i}$和 1 在 C 的内部，所以由上式、留数定理和规则 3 可得

$$\begin{aligned}\oint_C \frac{\mathrm{d}z}{(z+\mathrm{i})^{10}(z-1)(z-3)} &= 2\pi\mathrm{i}\{\text{Res}[f(z),-\mathrm{i}]+\text{Res}[f(z),1]\}\\ &=-2\pi\mathrm{i}\{\text{Res}[f(z),3]+\text{Res}[f(z),\infty]\}\\ &=-2\pi\mathrm{i}\left(\frac{1}{2(3+\mathrm{i})^{10}}+0\right)\\ &=-\frac{\pi\mathrm{i}}{(3+\mathrm{i})^{10}}\end{aligned}$$

因为$-\mathrm{i}$是 $f(z)$ 的十阶极点，并且在 C 内，如果使用规则 1 直接计算必然很烦琐.

第三节 留数在实变量积分计算中的应用

根据留数定理，用留数来计算定积分，是一种极为有效的方法，特别是当被积函数的原函数不易求得时. 该方法的基本思想是把求实函数的定积分转化为复变函数沿闭路的积分，然后利用留数方法求出该复变函数的积分. 该方法也有一定的局限性，不可能应用它来解决所有复杂积分的计算问题. 下面我们来阐述怎样利用留数求几种特殊类型的定积分的值.

一、类型 1——形如 $\int_0^{2\pi} R(\cos\theta,\sin\theta)\mathrm{d}\theta$ 的积分

其中 $R(\cos\theta,\sin\theta)$ 是 $\cos\theta$，$\sin\theta$ 的有理函数，且在 $[0,2\pi]$ 上连续. 这类积分可以化为单位圆上的复变函数积分. 令 $z=\mathrm{e}^{\mathrm{i}\theta}$，则 $\mathrm{d}z=\mathrm{i}\mathrm{e}^{\mathrm{i}\theta}\mathrm{d}\theta$，$\mathrm{d}\theta=\frac{\mathrm{d}z}{\mathrm{i}z}$，则

$$\sin\theta=\frac{1}{2\mathrm{i}}(\mathrm{e}^{\mathrm{i}\theta}-\mathrm{e}^{-\mathrm{i}\theta})=\frac{z^2-1}{2\mathrm{i}z}$$

$$\cos\theta=\frac{1}{2}(\mathrm{e}^{\mathrm{i}\theta}+\mathrm{e}^{-\mathrm{i}\theta})=\frac{z^2+1}{2z}$$

当 θ 历经 $[0,2\pi]$ 时，对应的 z 正好沿单位圆周 $|z|=1$ 绕行一周. 从而有

$$\begin{aligned}\int_0^{2\pi}R(\cos\theta,\sin\theta)\mathrm{d}\theta &=\oint_{|z|=1}R\left[\frac{z^2+1}{2z},\frac{z^2-1}{2\mathrm{i}z}\right]\frac{\mathrm{d}z}{\mathrm{i}z}\\ &=\oint_{|z|=1}f(z)\mathrm{d}z=2\pi\mathrm{i}\sum_{k=1}^{n}\text{Res}[f(z),z_k].\end{aligned}$$

其中 $f(z)$ 为 z 的有理函数，$z_k(k=1,2,\cdots,n)$ 为 $f(z)$ 在圆周 $|z|=1$ 内的孤立奇点.

例 1 计算 $I=\int_0^{2\pi}\frac{\cos 2\theta}{1-2p\cos\theta+p^2}\mathrm{d}\theta\ (0<p<1)$ 的值.

解 由于 $0<p<1$，被积函数的分母

$$1-2p\cos\theta+p^2=(1-p)^2+2p(1-\cos\theta)$$

当 $0\leqslant\theta\leqslant 2\pi$ 时不为零，因而积分有意义. 由于

$$\cos 2\theta=\frac{1}{2}(\mathrm{e}^{2\mathrm{i}\theta}+\mathrm{e}^{-2\mathrm{i}\theta})=\frac{1}{2}(z^2+z^{-2})$$

因此

$$I=\oint_{|z|=1}\frac{z^2+z^{-2}}{2}\frac{1}{1-2p\cdot\frac{z+z^{-1}}{2}+p^2}\frac{\mathrm{d}z}{\mathrm{i}z}$$
$$=\oint_{|z|=1}\frac{1+z^4}{2\mathrm{i}z^2(1-pz)(z-p)}\mathrm{d}z$$
$$=\oint_{|z|=1}f(z)\mathrm{d}z$$

被积函数有两个孤立奇点 $z=0$ 和 $z=p$ 在圆周 $|z|=1$ 内，且 $z=0$ 为二阶极点，$z=p$ 为一阶极点．于是

$$\mathrm{Res}[f(z),0]=\lim_{z\to 0}\frac{\mathrm{d}}{\mathrm{d}z}\left[z^2\cdot\frac{1+z^4}{2\mathrm{i}z^2(1-pz)(z-p)}\right]$$
$$=\lim_{z\to 0}\frac{(z-pz^2-p+p^2z)4z^3-(1+z^4)(1-2pz+p^2)}{2\mathrm{i}(z-pz^2-p+p^2z)^2}$$
$$=-\frac{1+p^2}{2\mathrm{i}p^2}$$
$$\mathrm{Res}[f(z),p]=\lim_{z\to p}\left[(z-p)\cdot\frac{1+z^4}{2\mathrm{i}z^2(1-pz)(z-p)}\right]$$
$$=\frac{1+p^4}{2\mathrm{i}p^2(1-p^2)}$$

因此

$$I=2\pi\mathrm{i}\left[-\frac{1+p^2}{2\mathrm{i}p^2}+\frac{1+p^2}{2\mathrm{i}p^2(1-p^2)}\right]=\frac{2\pi p^2}{1-p^2}$$

二、类型 2——形如 $\int_{-\infty}^{+\infty}R(x)\mathrm{d}x$ 的积分

其中 $R(x)$ 为 x 的有理函数，且分母的次数至少比分子的次数高两次．当 $R(z)$ 在实轴上没有孤立奇点时，积分是存在的．设

$$R(z)=\frac{P(z)}{R(z)}$$
$$=\frac{z^n+a_1z^{n-1}+\cdots+a_n}{z^m+b_1z^{m-1}+\cdots+b_m},(m-n\geqslant 2)$$

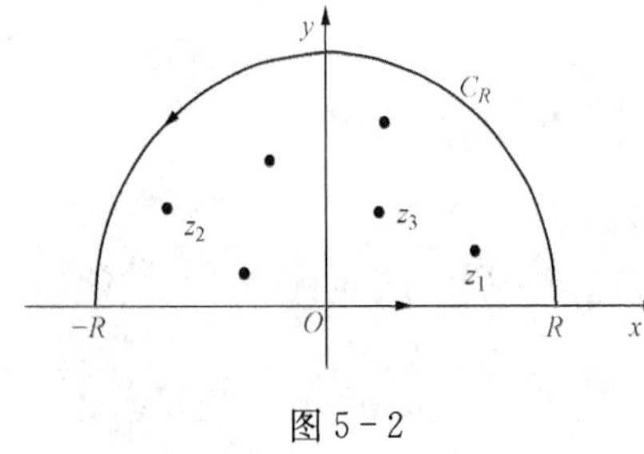

图 5-2

取积分路径如图 5-2 所示，其中 C_R 是以原点为圆心，R 为半径的上半圆周．取 R 适当大，使得 $R(z)$ 所有的上半平面内的极点 z_k 都包含在该半圆内，由留数定理有

$$\int_{-R}^{R}R(x)\mathrm{d}x+\int_{C_R}R(z)\mathrm{d}z=2\pi\mathrm{i}\sum\mathrm{Res}\left[R(z),z_k\right]$$

在 C_R 上令 $z=R\mathrm{e}^{\mathrm{i}\theta}$，则有

$$\int_{C_R}R(z)\mathrm{d}z=\int_{C_R}\frac{P(z)}{Q(z)}\mathrm{d}z$$
$$=\int_0^{\pi}\frac{P(R\mathrm{e}^{\mathrm{i}\theta})\mathrm{i}R\mathrm{e}^{\mathrm{i}\theta}}{Q(R\mathrm{e}^{\mathrm{i}\theta})}\mathrm{d}\theta$$

由于 $Q(z)$ 的次数比 $P(z)$ 的次数至少高两次，因此当 $|z|=R\to\infty$ 时，有

$$\frac{zP(z)}{Q(z)}=\frac{P(R\mathrm{e}^{\mathrm{i}\theta})R\mathrm{e}^{\mathrm{i}\theta}}{Q(R\mathrm{e}^{\mathrm{i}\theta})}\to 0$$

即 $\lim\limits_{R\to\infty}\int_{C_R} R(z)\mathrm{d}z \to 0$. 从而有

$$\int_{-\infty}^{+\infty} R(x)\mathrm{d}x = 2\pi\mathrm{i}\sum\mathrm{Res}[R(z), z_k]$$

如果 $R(x)$ 为偶函数，则

$$\int_{0}^{+\infty} R(x)\mathrm{d}x = \frac{1}{2}\int_{-\infty}^{+\infty} R(x)\mathrm{d}x = \pi\mathrm{i}\sum\mathrm{Res}[R(z), z_k]$$

例 2 计算 $\int_{-\infty}^{+\infty}\frac{x^2-x+2}{x^4+10x^2+9}\mathrm{d}x$.

解 这里 $R(z)=\frac{z^2-z+2}{z^4+10z^2+9}$ 满足处理 $\int_{-\infty}^{+\infty}R(x)\mathrm{d}x$ 型积分方法中对函数的要求，因此积分是存在的. $R(z)$ 在上半平面内只有两个一阶极点 i 和 3i. 且

$$\mathrm{Res}[R(z),\mathrm{i}] = \lim_{z\to\mathrm{i}}(z-\mathrm{i})\frac{z^2-z+2}{(z-\mathrm{i})(z+\mathrm{i})(z^2+9)} = -\frac{1+\mathrm{i}}{16}$$

$$\mathrm{Res}[R(z),3\mathrm{i}] = \lim_{z\to 3\mathrm{i}}(z-3\mathrm{i})\frac{z^2-z+2}{(z^2+1)(z-3\mathrm{i})(z+3\mathrm{i})} = \frac{3-7\mathrm{i}}{48}$$

所以

$$\int_{-\infty}^{+\infty}\frac{x^2-x+2}{x^4+10x^2+9}\mathrm{d}x = 2\pi\mathrm{i}\{\mathrm{Res}[R(z),\mathrm{i}]+\mathrm{Res}[R(z),3\mathrm{i}]\} = \frac{5\pi}{12}$$

三、类型 3——形如 $\int_{-\infty}^{+\infty}R(x)\mathrm{e}^{\mathrm{i}ax}\mathrm{d}x\,(a>0)$ 的积分

其中 $R(x)$ 为 x 的有理函数，且分母的次数至少比分子的次数高一次. 当 $R(z)$ 在实轴上没有孤立奇点时，积分是存在的.

同类型 2 中的处理方法一样（见图 5－2），由留数定理得

$$\int_{-R}^{R}R(x)\mathrm{e}^{\mathrm{i}ax}\mathrm{d}x + \int_{C_R}R(z)\mathrm{e}^{\mathrm{i}az}\mathrm{d}z = 2\pi\mathrm{i}\sum\mathrm{Res}[R(z)\mathrm{e}^{\mathrm{i}az}, z_k]$$

令 $R\to+\infty$，则

$$\int_{-\infty}^{+\infty}R(x)\mathrm{e}^{\mathrm{i}ax}\mathrm{d}x + \lim_{R\to+\infty}\int_{C_R}R(z)\mathrm{e}^{\mathrm{i}az}\mathrm{d}z = 2\pi\mathrm{i}\sum\mathrm{Res}[R(z)\mathrm{e}^{\mathrm{i}az}, z_k]$$

只要求出 $\lim\limits_{R\to+\infty}\int_{C_R}R(z)\mathrm{e}^{\mathrm{i}az}\mathrm{d}z$，即可求出积分 $\int_{-\infty}^{+\infty}R(x)\mathrm{e}^{\mathrm{i}ax}\mathrm{d}x$. 下面先介绍若当引理.

定理 （若当引理）设函数 $g(z)$ 沿半圆周 C_R：$z=R\mathrm{e}^{\mathrm{i}\theta}$（$0\leqslant\theta\leqslant\pi$，$R$ 充分大）上连续，且在 C_R 上有 $\lim\limits_{R\to+\infty}g(z)=0$. 则

$$\lim_{R\to+\infty}\int_{C_R}g(z)\mathrm{e}^{\mathrm{i}az}\mathrm{d}z = 0\,(a>0)$$

根据若当引理和上面的讨论可以得到

$$\int_{-\infty}^{+\infty}R(x)\mathrm{e}^{\mathrm{i}ax}\mathrm{d}x = 2\pi\mathrm{i}\sum\mathrm{Res}[R(z)\mathrm{e}^{\mathrm{i}az}, z_k]$$

其中 z_k 是 $R(z)$ 在上半平面内的孤立奇点.

由于 $\mathrm{e}^{\mathrm{i}ax}=\cos ax+\mathrm{i}\sin ax$，将上式实虚部分开，就可得到积分

$$\int_{-\infty}^{+\infty}R(x)\cos ax\,\mathrm{d}x \text{ 和} \int_{-\infty}^{+\infty}R(x)\sin ax\,\mathrm{d}x$$

例 3 计算 $\int_{0}^{+\infty}\frac{x\sin mx}{(x^2+a^2)^2}\mathrm{d}x$，$(m>0, a>0)$.

解 $\int_0^{+\infty}\frac{x\sin mx}{(x^2+a^2)^2}\mathrm{d}x=\frac{1}{2}\int_{-\infty}^{+\infty}\frac{x\sin mx}{(x^2+a^2)^2}\mathrm{d}x$

$$=\frac{1}{2}\mathrm{Im}\left[\int_{-\infty}^{+\infty}\frac{x}{(x^2+a^2)^2}\mathrm{e}^{imx}\mathrm{d}x\right]$$

又 $f(z)=\frac{z}{(z^2+a^2)^2}\mathrm{e}^{imz}$ 在上半平面只有二阶极点 $z=a\mathrm{i}$，有

$$\mathrm{Res}[f(z),a\mathrm{i}]=\frac{\mathrm{d}}{\mathrm{d}z}\left[\frac{z}{(z+a\mathrm{i})^2}\mathrm{e}^{imz}\right]_{z=a\mathrm{i}}=\frac{m}{4a}\mathrm{e}^{-ma}$$

则

$$\int_{-\infty}^{+\infty}\frac{x}{(x^2+a^2)^2}\mathrm{e}^{imx}\mathrm{d}x=2\pi\mathrm{i}\mathrm{Res}[f(z),a\mathrm{i}]$$

所以

$$\int_0^{+\infty}\frac{x\sin mx}{(x^2+a^2)^2}\mathrm{d}x=\frac{1}{2}\mathrm{Im}\{2\pi\mathrm{i}\mathrm{Res}[f(z),a\mathrm{i}]\}$$

$$=\frac{m\pi}{4a}\mathrm{e}^{-ma}$$

需要指出，在积分类型 2 和 3 中，都要求被积函数 $R(z)$ 在实轴上无孤立奇点，如果 $R(z)$在实轴上有孤立奇点，则

$$\int_{-\infty}^{+\infty}R(x)\mathrm{d}x=2\pi\mathrm{i}\left\{\sum\mathrm{Res}\left[R(z),z_k\right]+\frac{1}{2}\sum\mathrm{Res}[R(z),x_k]\right\}$$

其中 z_k 是$R(z)$ 在上半平面内的奇点，x_k 是实轴上的奇点.

例 4 计算积分$\int_0^{+\infty}\frac{\sin x}{x}\mathrm{d}x$.

解 由于$\int_0^{+\infty}\frac{\sin x}{x}\mathrm{d}x=\frac{1}{2}\int_{-\infty}^{+\infty}\frac{\sin x}{x}\mathrm{d}x=\frac{1}{2}\mathrm{Im}\int_{-\infty}^{+\infty}\frac{\mathrm{e}^{\mathrm{i}x}}{x}\mathrm{d}x$，函数$\frac{\mathrm{e}^{\mathrm{i}z}}{z}$只在实轴上有一个简单极点 $z=0$，则

$$\int_{-\infty}^{+\infty}\frac{\mathrm{e}^{\mathrm{i}x}}{x}\mathrm{d}x=2\pi\mathrm{i}\left\{0+\frac{1}{2}\mathrm{Res}\left[\frac{\mathrm{e}^{\mathrm{i}z}}{z},0\right]\right\}$$

$$=\pi\mathrm{i}\lim_{z\to 0}z\frac{\mathrm{e}^{\mathrm{i}z}}{z}=\pi\mathrm{i}$$

因此

$$\int_0^{+\infty}\frac{\sin x}{x}\mathrm{d}x=\frac{1}{2}\mathrm{Im}\int_{-\infty}^{+\infty}\frac{\mathrm{e}^{\mathrm{i}x}}{x}\mathrm{d}x=\frac{\pi}{2}$$

习　题　五

1. 填空题

(1) $f(z)$，$g(z)$ 分别以 $z=a$ 为 m 级极点与 n 级极点，则 $z=a$ 为$\frac{f(z)}{g(z)}$的________ $(m>n)$，________ $(m<n)$，________ $(m=n)$.

(2) 函数 $f(z)=z^2(\mathrm{e}^z-1)$ 有零点________，零点的级数分别为________.

(3) 在扩充复平面上，函数 $f(z)=\frac{1}{(z^2+\mathrm{i})^3}$的奇点有：______，其类型分别为______.

(4) 设 $z=0$ 为函数 $z^3-\sin z^3$ 的 m 级零点，那么 $m=$________.

(5) 设 $z=a$ 为函数 $f(z)$ 的 m 级极点，那么 $\operatorname{Res}\left[\frac{f'(z)}{f(z)},\ a\right]=$________.

(6) 设 $f(z)=\frac{2z}{1+z^2}$，则 $\operatorname{Res}[f(z),\ \infty]=$________.

(7) 设 $f(z)=\frac{1-\cos z}{z^5}$，则 $\operatorname{Res}[f(z),\ 0]=$________.

(8) 积分 $\oint_{|z|=1} z^3 e^{\frac{1}{z}} dz=$________.

(9) 积分 $\oint_{|z|=1} \frac{1}{\sin z} dz=$________.

(10) 积分 $\oint_{-\infty}^{+\infty} \frac{xe^{ix}}{1+x^2} dx=$________.

2. 单项选择题

(1) $z=0$ 为函数 $f(z)=\frac{1-\cos z}{z^2(e^z-1)}$ 的（　　）.

(A) 零点　　(B) 一级极点　　(C) 二级极点　　(D) 三级极点

(2) $z=a$ 分别为 $f(z)$，$g(z)$ 的 m 级与 n 级极点（$m\neq n$），则 $z=a$ 是 $f(z)+g(z)$ 的（　　）级极点.

(A) $m+n$　　(B) mn

(C) $\min(m,\ n)$　　(D) $\max(m,\ n)$

(3) 设函数 $f(z)$ 与 $g(z)$ 分别以 $z=a$ 为本性奇点与 m 级极点，则 $z=a$ 为函数 $f(z)g(z)$ 的（　　）.

(A) 可去奇点　　(B) 本性奇点

(C) m 级极点　　(D) 小于 m 级的极点

(4) $z=1$ 是函数 $(z-1)\sin\frac{1}{z-1}$ 的（　　）.

(A) 可去奇点　　(B) 一级极点

(C) 一级零点　　(D) 本性奇点

(5) $z=\infty$ 是函数 $\frac{3+2z+z^3}{z^2}$ 的（　　）.

(A) 可去奇点　　(B) 一级极点

(C) 二级极点　　(D) 本性奇点

(6) 在下列函数中，$\operatorname{Res}[f(z),\ 0]=0$ 的是（　　）.

(A) $f(z)=\frac{e^z-1}{z^2}$　　(B) $f(z)=\frac{\sin z}{z}-\frac{1}{z}$

(C) $f(z)=\frac{\sin z+\cos z}{z}$　　(D) $f(z)=\frac{1}{e^z-1}-\frac{1}{z}$

(7) $\operatorname{Res}\left[z^3\cos\frac{2i}{z},\ \infty\right]=$（　　）.

(A) $-\frac{2}{3}$　　(B) $\frac{2}{3}$

(C) $\frac{2}{3}\mathrm{i}$　　(D) $-\frac{2}{3}\mathrm{i}$

(8) $\mathrm{Res}[z^2 \mathrm{e}^{\frac{1}{z-\mathrm{i}}},\ \mathrm{i}] =$ (　　).

(A) $-\frac{1}{6}+\mathrm{i}$　　(B) $-\frac{5}{6}+\mathrm{i}$

(C) $\frac{1}{6}+\mathrm{i}$　　(D) $\frac{5}{6}+\mathrm{i}$

(9) 积分$\oint_{|z|=1} \mathrm{e}^{\frac{1}{z^2}} \mathrm{d}z =$ (　　).

(A) 0　　(B) $-2\pi\mathrm{i}$

(C) $2\pi\mathrm{i}$　　(D) $\pi\mathrm{i}$

(10) 积分$\oint_{|z|=2} \frac{z^9}{z^{10}-1} \mathrm{d}z =$ (　　).

(A) 0　　(B) $2\pi\mathrm{i}$

(C) $\pi\mathrm{i}$　　(D) $\frac{\pi}{5}\mathrm{i}$

3. 求下列函数的孤立奇点，说明其类型（如是极点，指出它的阶数）.

(1) $\frac{z+1}{z(z^2+9)^2}$；　　(2) $\frac{\ln(1+z)}{z+4}$；

(3) $\frac{\sin z}{z^3}$；　　(4) $\mathrm{e}^{\frac{1}{1-z}}$.

4. 求下列函数在有限孤立奇点处的留数.

(1) $\frac{2z+1}{z^2-3z}$；　　(2) $\frac{1}{z\sin z}$；

(3) $\frac{1+z^4}{(z^2+1)^3}$；　　(4) $z\sin\frac{1}{z^2}$.

5. 利用留数计算下列积分.

(1) $\oint_{|z|=2} \frac{2z}{(z+1)(z+3)^2} \mathrm{d}z$；

(2) $\oint_{|z|=1} \frac{1}{z\sin z} \mathrm{d}z$；

(3) $\oint_{|z|=2} \frac{\mathrm{e}^{2z}}{(z+1)(z-1)^2} \mathrm{d}z$；

(4) $\oint_{|z|=3} \tan\pi z \mathrm{d}z$.

6. 判断 $z=\infty$是下列函数的什么奇点，并求出在∞的留数.

(1) $z+\frac{1}{z}$；　(2) $\cos z-\sin z$；　(3) $\frac{2z}{z^2+3}$.

7. 计算下列积分.

(1) $\oint_{|z|=2} \frac{z^3}{z+1} \mathrm{e}^{\frac{1}{z}} \mathrm{d}z$；

(2) $\oint_{|z|=3} \frac{z^{15}}{(z^2+1)^2(z^4+2)^3} \mathrm{d}z$.

8. 求下列积分之值.

(1) $\int_0^{2\pi} \frac{1}{5+3\sin\theta} d\theta$;

(2) $\int_0^{2\pi} \frac{1}{a+\cos\theta} d\theta (a>1)$;

(3) $\int_{-\infty}^{+\infty} \frac{x^2}{(x^2+a^2)^2} dx (a>0)$;

(4) $\int_0^{+\infty} \frac{x^2}{1+x^4} dx$;

(5) $\int_{-\infty}^{+\infty} \frac{\cos x}{x^2+4x+5} dx$;

(6) $\int_{-\infty}^{+\infty} \frac{x\sin x}{1+x^2} dx$.

第六章　共　形　映　射

前几章主要是用分析的方法，也就是用微分、积分和级数等，来讨论解析函数的性质和应用，都是从量的角度来研究的，内容主要涉及柯西理论. 这一章主要是从形的方面，也就是从几何角度来揭示解析函数的特征和应用，即解析函数的几何理论. 几何理论中最基本的是共形映射的理论，它在数学本身及在流体力学、弹性力学、电学等学科的某些实际问题中，都是一种使问题化繁为简的主要方法.

第一节　共形映射的概念

一、解析函数的保域性

一个复变函数 $w=f(z)$，从几何角度看，可以解释为从 z 平面到 w 平面的一个映射. 我们自然会想到一个问题：若设函数 $w=f(z)$ 是区域 D 内的解析函数，那么 D 的像 $G=f(D)$ 是否仍为一个区域？我们先看两个例子.

(1) 函数 $w=z+\alpha$ 及 $w=\alpha z$ 是 z 平面上的解析函数，它们把 z 平面映射成 w 平面，其中 α 是复常数，并且对于第二个映射 $\alpha\neq 0$.

(2) 函数 $w=\mathrm{e}^z$ 在 z 平面上的带形区域 $0<\mathrm{Im}z<1$ 内是解析函数，并且把这个带形区域映射成 w 平面上的一个角形区域区域 $0<\arg w<1$.

以上两个例子中，解析函数都把区域映射为区域，事实上，我们有以下结论（证明略）.

定理 1　设函数 $f(z)$ 在区域 D 内解析，并且不恒等于常数，那么 D 的像 $G=f(D)$ 是一个区域.

这个结论表明，一个非常数的解析函数具有保域性（将区域映射为区域），因此该结论称为保区域性定理.

二、解析函数导数的几何意义

考虑过 z_0 的一条有向简单光滑曲线 C

$$z=z(t)\quad(a\leqslant t\leqslant b)$$

设 $z(t_0)=z_0(a\leqslant t_0\leqslant b)$，则 $z'(t_0)$ 存在且 $z'(t_0)\neq 0$，曲线 C 在 $z=z_0$ 有切线，且 $z'(t_0)$ 为切向量.

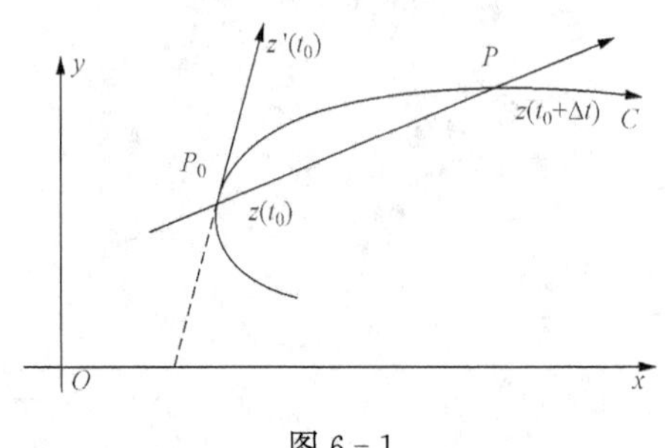

图 6-1

事实上，如果通过 C 上两点 P_0 与 P 的割线 $\overline{P_0P}$ 的正向对应于 t 增大的方向，则这个方向与表示向量 $\dfrac{z(t_0+\Delta t)-z(t_0)}{\Delta t}$ 的方向相同. 这里 $z(t_0)$ 与 $z(t_0+\Delta t)$ 与分别为点 P_0 与 P 所对应的复数（见图 6-1）.

当点 P 沿 C 无限趋向于点 P_0，割线 $\overline{P_0P}$ 的极

限位置就是C上P_0处的切线. 因此，表示

$$z'(t_0)=\lim_{\Delta t\to 0}\frac{z(t_0+\Delta t)-z(t_0)}{\Delta t}$$

的向量与C相切于点$z_0=z(t_0)$，且方向与C的正向一致. 从而$z'(t_0)$为切向量，$\mathrm{Arg}z'(t_0)$就是z_0处C的切线正向与实轴正向的夹角.

设函数$w=f(z)$是区域D内的解析函数，$z_0\in D$，$w_0=f(z_0)$，假设$f'(z_0)\neq 0$. 函数$w=f(z)$把曲线C映射成过$w_0=f(z_0)$的一条简单曲线Γ

$$w=f(z(t))(a\leqslant t\leqslant b)$$

根据复合函数求导法则，$w'(t_0)=f'(z_0)z'(t_0)\neq 0$，可见$\Gamma$也是一条光滑曲线，$w'(t_0)$就是切向量，它在$w_0$处的切线与实轴的夹角是

$$\mathrm{Arg}w'(t_0)=\mathrm{Arg}f'(z_0)+\mathrm{Arg}z'(t_0) \tag{6-1}$$

且有

$$|f'(z_0)|=\lim_{\Delta z\to 0}\left|\frac{\Delta w}{\Delta z}\right|\neq 0 \tag{6-2}$$

假定x轴与u轴、y轴与v轴的正方向相同（见图6-2)，而且将原曲线的切线正方向与映射后像曲线的切线正方向间的夹角，理解为原曲线经过变换后的旋转角，则

式（6-1）说明：像曲线Γ在点$w_0=f(z_0)$的切线正向，可由原像曲线C在点z_0的切线正向旋转一个角$\mathrm{Arg}f'(z_0)$得出. $\mathrm{Arg}f'(z_0)$仅与z_0有关，而与过z_0的曲线C的形状与方向无关，称为映射$w=f(z)$在点z_0的旋转角，这也就是导数辐角的几何意义.

式（6-2）说明：像点间无穷小距离与原像点间的无穷小距离之比的极限是$|f'(z_0)|\neq 0$，它仅与z_0有关，而与过z_0的曲线C的形状及方向无关，称为映射$w=f(z)$在点z_0的伸缩率，这也就是导数模的几何意义.

上面提到的旋转角与C的形状及方向无关的这个性质，称为旋转角不变性；伸缩率与C的形状及方向无关这个性质，称为伸缩率不变性.

从几何意义上看：如果忽略高阶无穷小，伸缩率不变性就表示$w=f(z)$将$z=z_0$处无穷小的圆变成$w=w_0$处的无穷小的圆，其半径之比为$|f'(z_0)|$.

上面的讨论说明：解析函数在导数不为零的地方具有旋转角不变性与伸缩率不变性.

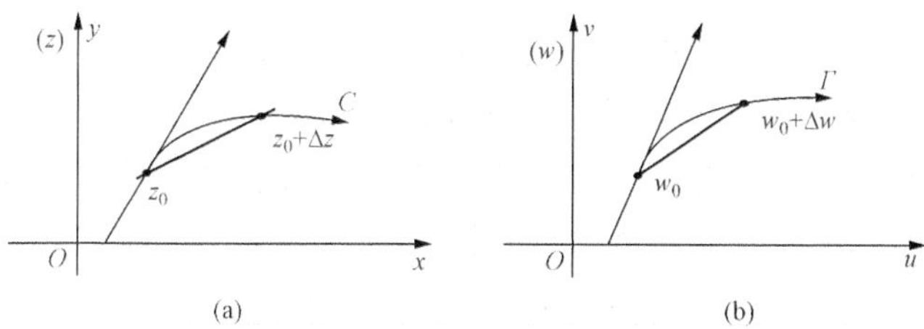

图6-2

经点z_0的两条有向曲线C_1与C_2的切线方向所构成的角，称为两曲线在该点的夹角. 由旋转角不变性可得到一条重要性质：若$f'(z_0)\neq 0$，则相交于点z_0的任何两条曲线C_1与C_2之间的夹角在其大小和方向上都等同于经解析函数$w=f(z)$映射后对应曲线Γ_1与Γ_2之间的夹角（见图6-3)，所以这种映射具有保持两曲线间夹角与方向不变的性质，我们称这个性质为保角性.

例1 试求映射$w=f(z)=z^2+2z$在点$z=-1+2\mathrm{i}$处的旋转角，并且说明它将z平面

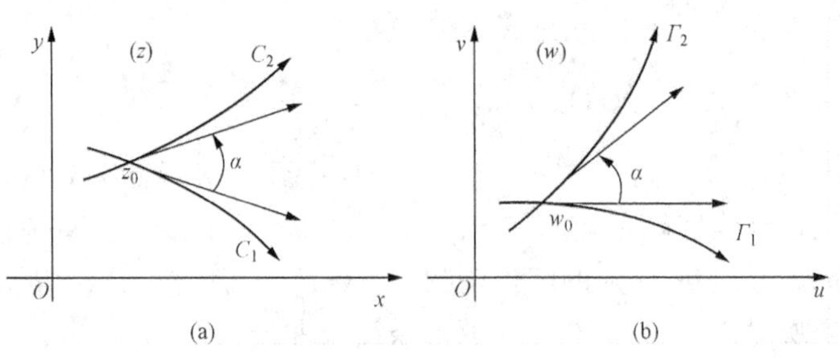

图 6－3

的哪一部分放大？哪一部分缩小？

解 因 $f'(z)=2z+2=2(z+1)$， $f'(-1+2\mathrm{i})=2(-1+2\mathrm{i}+1)=4\mathrm{i}$，

故在点 $-1+2\mathrm{i}$ 处的旋转角 $=\arg f'(-1+2\mathrm{i})=\dfrac{\pi}{2}$.

又因 $|f'(z)|=2\sqrt{(x+1)^2-y^2}$，这里 $z=x+\mathrm{i}y$，而 $|f'(z)|<1$ 的充要条件是 $(x+1)^2+y^2<\dfrac{1}{4}$，故 $w=f(z)=z^2+2z$ 把以 -1 为心，$\dfrac{1}{2}$ 为半径的圆周内部缩小，外部放大.

三、共形映射的概念

定义 1 若函数 $w=f(z)$ 在点 z_0 具有保角性和伸缩率不变性，称 $w=f(z)$ 在点 z_0 是保角的，或称 $w=f(z)$ 在点 z_0 是保角映射. 如果 $w=f(z)$ 在区域 D 内处处都是保角的，则称 $w=f(z)$ 在区域 D 内是保角的，或称 $w=f(z)$ 在区域 D 内是保角映射.

根据前面的讨论，我们有以下定理.

定理 2 如果 $w=f(z)$ 在区域 D 内解析，则它在导数不为零的点处是保角的.

例 2 求 $w=f(z)=z^3$ 在 $z=\mathrm{i}$，$z=0$ 处的导数值，并说明几何意义.

解 $w=f(z)=z^3$ 在全平面解析，且 $f'(z)=3z^2$.

(1) 在 $z=\mathrm{i}$ 处，$f'(\mathrm{i})=3\mathrm{i}^2=-3$，$f(z)$ 在 $z=\mathrm{i}$ 处具有伸缩率不变和保角性. 伸缩率为 3，旋转角为 π.

(2) 在 $z=0$ 处，$f'(0)=0$，$f(z)$ 在 $z=0$ 处不具有保角性.

为了下面讨论的需要，我们先给出如下定义.

定义 2 函数 $f(z)$ 在区域 D 内有定义，且对 D 内任意两点 $z_1\neq z_2$ 时，都有 $f(z_1)\neq f(z_2)$，则称函数 $f(z)$ 在 D 内是单叶的. 并称区域 D 为 $f(z)$ 的单叶性区域.

定义 3 如果 $w=f(z)$ 在区域 D 内是单叶且保角的，称此映射 $w=f(z)$ 在 D 内是共形的，也称它为 D 内的共形映射.

共形映射有时也称保形映射. 显然，两个共形映射的复合仍然是一个共形映射. 具体地说，如 $\xi=f(z)$ 将区域 D 共形映射成区域 E，而 $w=h(\xi)$ 将 E 共形映射成区域 G，则 $w=h[f(z)]$ 将区域 D 共形映射成区域 G. 利用这一事实，可以复合若干基本的共形映射而构成较为复杂的共形映射.

四、关于共形映射的黎曼存在定理和边界对应定理

由共形映射的概念及保域性定理，一个解析函数能将区域共形映射为另一个区域. 于是，我们很自然地反过来考虑另一个问题：对于给定的两个区域 D 与 G，是否存在一个共形映射 $w=f(z)$，使 D 共形映射为 G？这个问题可以简化为：对于区域 D，能否共形地映射为单位圆？因为若存在这样的共形映射，可先将 D 共形映射为单位圆，再将此单位圆共形映射为 G，两者复合起来即可将 D 共形映射为 G. 我们有以下结论.

定理 3 （黎曼存在定理）若 D 为扩充复平面上的一个单连通区域，其边界点不止一点，则必存在单叶解析函数 $w=f(z)$ 将 D 共形映射为单位圆 $|w|<1$；又若对 D 内某一点 a 满足条件

$$f(a)=0 \text{ 且 } f'(a)>0$$

则函数 $w=f(z)$ 是唯一的.

定理 4 （边界对应定理）设单连通区域 D 与 G 的边界分别是闭曲线 C 与 Γ，若函数 $w=f(z)$ 在 $\overline{D}=D+C$ 上解析，且将 C 双方单值的映射为 Γ，则函数 $w=f(z)$ 在 D 内单叶且将 D 共形映射为 G.

第二节 分式线性映射

分式线性映射是共形映射中比较简单的但又很重要的一类映射.

一、分式线性映射的概念

由分式线性函数

$$w=\frac{az+b}{cz+d} \quad (a,b,c,d \text{ 为复常数且 } ad-bc\neq 0)$$

构成的映射，称为分式线性映射. 在 $c=0$ 时，我们也称它为整式线性映射.

分式线性函数的反函数为

$$z=\frac{-dw+b}{cw-a}$$

它也是分式线性函数，因此分式线性映射的逆映射也是分式线性映射.

一般分式线性函数是由下列三种简单函数复合而得到.

(1) $w=z+\alpha$（α 为一个复数）；

(2) $w=\beta z$（β 为一个复数且 $\beta\neq 0$）；

(3) $w=\dfrac{1}{z}$.

事实上，我们有

$$w=\frac{az+b}{d}=\frac{a}{d}\left(z+\frac{b}{a}\right) \quad (c=0)$$

$$w=\frac{az+b}{cz+d}=\frac{a}{c}+\frac{bc-ad}{c^2\left(z+\dfrac{d}{c}\right)} \quad (c\neq 0)$$

下面讨论这三种映射. 为了方便，暂且将 w 平面看成是与 z 平面重合的.

(1) $w=z+\alpha$，这是一个平移映射. 因为复数相加可以化为向量相加，z 沿向量 α 的方向平移一段距离 $|\alpha|$ 后，就得到 w.

(2) $w=\beta z(\beta\neq 0)$：这是一个旋转与伸缩的映射. 设 $\beta=re^{i\theta}$，将 z 先转一个角度 θ，再

将$|z|$伸长（或缩短）r倍后，就得到w.

（3）$w=\frac{1}{z}$称为反演映射，是由映射$z_1=\frac{1}{z}$及关于实轴的对称映射$w=\overline{z_1}$复合而成.

反演映射的特点：当点z在单位圆外部时，此时$|z|>1$，故$|w|<1$，即w位于单位圆内部. 当点z在单位圆内部时，此时$|z|<1$，故$|w|>1$，即w位于单位圆外部.

二、分式线性函数的映射性质

我们可以把分式线性映射$w=\frac{az+b}{cz+d}$的定义域推广到扩充复平面C_∞. 当$c=0$时，规定它把$z=\infty$映射成$w=\infty$；当$c\neq 0$时，规定它把$z=-\frac{d}{c}$及$z=\infty$分别映射成$w=\infty$及$w=\frac{a}{c}$.

1. 保形性

首先讨论反演映射$w=\frac{1}{z}$，它在整个扩充复平面上是单叶的. 当$w\neq 0$，$z\neq\infty$时，$w=\frac{1}{z}$解析，且$w'=-\frac{1}{z^2}\neq 0$，因此是保角的. 当$z=\infty$时，令$\xi=\frac{1}{z}$，则$w=\varphi(\xi)=\xi$，显然$\varphi(\xi)$在$\xi=0$处解析且$\varphi'(0)=1$，因此$w=\frac{1}{z}$在$z=\infty$是保角的. 而$w=\frac{1}{z}$在$z=0$处的保角性可由$z=\frac{1}{w}$在$w=\infty$的保角性得到，从而$w=\frac{1}{z}$是共形映射.

平移映射$w=z+\alpha$及旋转和伸缩映射$w=\beta z(\beta\neq 0)$显然是共形映射，而分式线性映射是上述三种映射复合而构成的，因此有以下定理.

定理 1　分式线性映射在扩充复平面上是共形映射.

2. 保圆性

我们规定：在扩充复平面上，任一直线看成半径是无穷大的圆.

定理 2　扩充复平面上，分式线性映射把圆映射成圆.

证　由于分式线性映射是由映射$w=z+\alpha$、$w=\beta z$及$w=\frac{1}{z}$复合而成的，但前两个映射显然把圆映射成圆，所以只要证明$w=\frac{1}{z}$也把圆映射为圆即可.

令$z=x+\mathrm{i}y$，$w=\frac{1}{z}=u+\mathrm{i}v$，则$x=\frac{u}{u^2+v^2}$，$y=-\frac{v}{u^2+v^2}$. 因此，映射$w=\frac{1}{z}$将方程$a(x^2+y^2)+bx+cy+d=0$变为方程

$$d(u^2+v^2)+bu-cv+a=0$$

当$a\neq 0$，$d\neq 0$时，圆周映射为圆周；当$a\neq 0$，$d=0$时，圆周映射成直线；当$a=0$，$d\neq 0$时，直线映射成圆周；当$a=0$，$d=0$时，直线映射成直线. 这就是说，映射$w=\frac{1}{z}$把圆周映射成圆周，或者说，映射$w=\frac{1}{z}$具有保圆性.

根据保圆性，在分式线性映射下，如果给定的圆周或直线上没有点映射成无穷远点，则

它就映射成半径为有限的圆周；如果有一个点映射成无穷远点，它就映射成直线.

例 1 求实轴在映射 $w=\dfrac{2\mathrm{i}}{z+\mathrm{i}}$ 下的像曲线.

解 由于实轴过无穷远点，所以实轴可以看作是半径为无限大的圆. 在实轴上取三点：$z_1=\infty$，$z_2=0$，$z_3=1$，则对应的三个像点为

$$w_1=0, w_2=2, w_3=1+\mathrm{i}$$

实轴的像经过 w_1，w_2，w_3，且为圆，因此像曲线 Γ 为 $|w-1|=1$（见图 6-4).

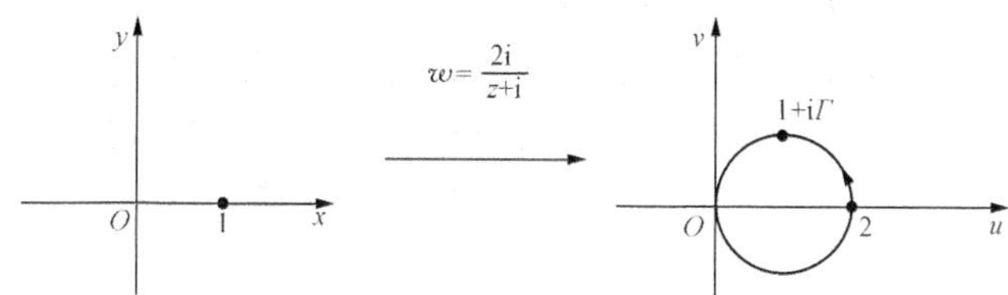

图 6-4

3. 保对称点性

定义 设已给圆 C：$|z-z_0|=R(0<R<+\infty)$，如果两个有限点 z_1 及 z_2 在过 z_0 的同一射线上（见图 6-5)，并且 $|z_1-z_0|\,|z_2-z_0|=R^2$，那么我们说 z_1 及 z_2 是关于圆 C 的对称点.

由定义可知，圆 C 上的点是它本身关于圆 C 的对称点.

此外，还规定圆心 z_0 及 ∞ 是关于圆 C 的对称点.

定理 3 设 z_1，z_2 关于圆 C 对称，则在分式线性映射下，它们的像点 w_1，w_2 关于 C 的像曲线 Γ 对称.

注意：定理中的圆包括直线.

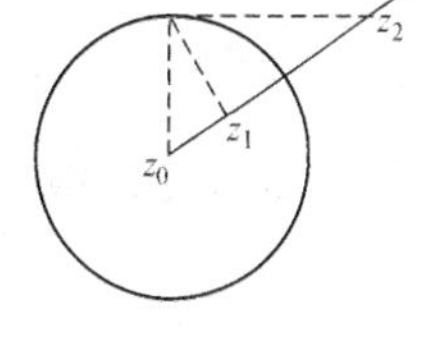

图 6-5

三、唯一决定分式线性映射的条件

从形式上看，分式线性映射 $w=\dfrac{az+b}{cz+d}$ 具有四个系数，但由条件 $ad-bc\neq0$ 可知至少有一个不为零，用它去除分子及分母，就可将分式中的四个常数化为三个常数. 因此实际上只有三个独立的常数. 只需给定三个条件，就能决定一个分式线性映射.

定理 4 对于扩充 z 平面上任意三个不同的点 z_1，z_2，z_3 及扩充 w 平面上任意三个不同的点 w_1，w_2，w_3，存在唯一的分式线性映射，把 z_1，z_2，z_3 分别映射成 w_1，w_2，w_3，即三对对应点唯一确定一个分式线性映射.

证 先考虑已给各点都是有限点的情形. 设所求分式线性函数是

$$w=\frac{az+b}{cz+d}$$

那么，由

$$w_1=\frac{az_1+b}{cz_1+d},\quad w_2=\frac{az_2+b}{cz_2+d},\quad w_3=\frac{az_3+b}{cz_3+d}$$

得

$$w-w_1=\frac{(az+b)(cz_1+d)-(az_1+b)(cz+d)}{(cz+d)(cz_1+d)}=\frac{(z-z_1)(ad+bc)}{(cz+d)(cz_1+d)}$$

同理，有

$$w-w_2=\frac{(z-z_2)(ad+bc)}{(cz+d)(cz_2+d)},\quad w_3-w_1=\frac{(z_3-z_1)(ad+bc)}{(cz_3+d)(cz_1+d)},$$

$$w_3-w_2=\frac{(z_3-z_2)(ad+bc)}{(cz_3+d)(cz_2+d)}$$

因此，有

$$\frac{w-w_1}{w-w_2}:\frac{w_3-w_1}{w_3-w_2}=\frac{z-z_1}{z-z_2}:\frac{z_3-z_1}{z_3-z_2}$$

由此，我们可以解出分式线性映射．显然这样的分式线性映射也是唯一的．

如果 z_k 或 w_k 中有一个为∞时，应将包含此点的项用 1 代替．例如 $z_3=\infty$ 时，即有

$$\frac{w-w_1}{w-w_2}:\frac{w_3-w_1}{w_3-w_2}=\frac{z-z_1}{z-z_2}$$

亦即先视 z_3 为有限，再令 $z_3\to\infty$ 取极限而得．

推论 设 $w=f(z)$ 是一分式线性映射，且有 $f(z_1)=w_1$ 以及 $f(z_2)=w_2$，则它可表示为

$$\frac{w-w_1}{w-w_2}=k\frac{z-z_1}{z-z_2}(k\text{ 为复常数})$$

特别地，当 $w_1=0$，$w_2=\infty$ 时，有

$$w=k\frac{z-z_1}{z-z_2}$$

例 2 求将 2，i，-2 对应地变成 -1，i，1 的分式线性映射．

解 所求分式线性映射为 $\dfrac{w+1}{w-\mathrm{i}}:\dfrac{1+1}{1-\mathrm{i}}=\dfrac{z-2}{z-\mathrm{i}}:\dfrac{-2-2}{-2-\mathrm{i}}$，

即 $\dfrac{w+1}{w-\mathrm{i}}=\dfrac{1+3\mathrm{i}}{4}\cdot\dfrac{z-2}{z-\mathrm{i}}$，

化简后得 $w=\dfrac{z-6\mathrm{i}}{3\mathrm{i}z-2}$．

例 3 求将 2，∞，-2 对应地变成 -1，i，∞的分式线性映射．

解 所求分式线性映射为 $\dfrac{w+1}{w-\mathrm{i}}:\dfrac{1}{1}=\dfrac{z-2}{1}:\dfrac{-2-2}{1}$，

化简后得 $w=\dfrac{z\mathrm{i}-2\mathrm{i}-4}{2+z}$．

四、分式线性映射的应用

分式线性映射在处理边界由圆周、圆弧、直线、直线段所围成的区域的共形映射问题时，具有很大的作用．我们现在研究两个典型区域间的映射，这里的两个典型区域是指上半平面和单位圆域．

例 4 求将上半平面 $\mathrm{Im}z>0$ 映射成单位圆内部 $|w|<1$ 的分式线性映射．

解法一 在实轴上任意取定三点 $z_1=0$，$z_2=1$，$z_3=\infty$，使它们对应于 $|w|=1$ 上三点 $w_1=-1$，$w_2=-\mathrm{i}$，$w_3=1$，则所求的分式线性映射为

$$\frac{w+1}{w+\mathrm{i}}:\frac{1+1}{1+\mathrm{i}}=\frac{z-0}{z-1}:\frac{1}{1}$$

化简后即得 $w=\dfrac{z-\mathrm{i}}{z+\mathrm{i}}$.

如果选取其他三对不同点，能得出不同的分式线性映射. 此可见，把上半平面映射成单位圆的分式线性映射不是唯一的，而是有无穷多.

解法二 上半平面总有一点 $z=z_0$ 要映成单位圆周 $|w|=1$ 的圆心 $w=0$，且由于 z_0 与 $\overline{z}_0$ 关于实轴对称，0 与∞关于圆周 $|w|=1$ 对称，因此这种映射的形式为

$$w=\lambda\frac{z-z_0}{z-\overline{z}_0}$$

其中 λ 是一个复常数. 其次，如果 z 是实数，那么

$$|w|=|\lambda|\left|\frac{z-z_0}{z-\overline{z}_0}\right|=|\lambda|=1$$

于是 $\lambda=\mathrm{e}^{\mathrm{i}\theta}$，其中 θ 是一个实常数. 因此所求的分式线性映射为

$$w=\mathrm{e}^{\mathrm{i}\theta}\frac{z-z_0}{z-\overline{z}_0}$$

特别地，当 $z_0=\mathrm{i}$，$\theta=0$ 时，则得到解法一的结果.

例 5 求把单位圆内部 $|z|<1$ 共形映射成单位圆内部 $|w|<1$ 的分式线性映射.

解 这种映射应当把 $|z|<1$ 内某一点 z_0 映射成 $w=0$，并且把 $|z|=1$ 映射成 $|w|=1$. 不难看出，与 z_0 关于圆 $|z|=1$ 的对称点是$\dfrac{1}{\overline{z}_0}$，和上面一样，这种函数还应当把$\dfrac{1}{\overline{z}_0}$映射成 $w=\infty$. 因此这种映射的形式为

$$w=\lambda\frac{z-z_0}{z-1/\overline{z}_0}=\lambda_1\frac{z-z_0}{1-z\overline{z}_0}$$

其中 λ，λ_1 是一个复常数. 其次，如果 $|z|=1$ 时，那么

$$1-z\overline{z}_0=z\overline{z}-\overline{z}_0z=z(\overline{z}-\overline{z}_0)$$

于是

$$|w|=|\lambda_1|\left|\frac{z-z_0}{1-z\overline{z}_0}\right|=|\lambda_1|=1$$

因此 $\lambda_1=\mathrm{e}^{\mathrm{i}\theta}$，其中 θ 是一个实常数. 所求的分式线性映射为

$$w=\mathrm{e}^{\mathrm{i}\theta}\frac{z-z_0}{1-z\overline{z}_0}$$

上面两种映射是比较重要的，在将一些其他区域映射成单位圆的内部时，常常先将其映射成上半平面，然后再变为单位圆内部.

例 6 求一分式线性映射 $w=f(z)$，将区域 $\mathrm{Re}z>0$ 映射为区域 $|w|<2$，并满足 $f(1)=0$，$\arg f'(0)=\dfrac{\pi}{2}$.

解 我们已经知道上半平面到单位圆内部的映射，而右半平面 $\mathrm{Re}z>0$ 可以通过旋转映射成上半平面，构造映射变为单位圆内部，再通过伸缩变为区域 $|w|<2$，具体如下：

$w_1=\mathrm{e}^{\mathrm{i}\frac{\pi}{2}}z=\mathrm{i}z$：将右半平面 $\mathrm{Re}z>0$ 映射成上半平面.

$w_2=\mathrm{e}^{\mathrm{i}\theta}\dfrac{w_1-z_0}{w_1-\overline{z}_0}$：将上半平面映射成单位圆内部 $|w_2|<1$.

$w=2w_2$：将单位圆内部 $|w_2|<1$ 映射成 $|w|<2$.

所以 $w=f(z)=2e^{i\theta}\frac{iz-z_0}{iz-\overline{z}_0}$将区域 $\text{Re}z>0$ 映射为区域 $|w|<2$.

因为 $f(1)=0$，有 $2e^{i\theta}\frac{i-z_0}{i-\overline{z}_0}=0$，得 $z_0=i$，$w=f(z)=2e^{i\theta}\frac{iz-i}{iz+i}=2e^{i\theta}\frac{z-1}{z+1}$.

所以 $f'(z)=\frac{4e^{i\theta}}{(z+1)^2}$，$f'(0)=4e^{i\theta}$.

又 $\arg f'(0)=\frac{\pi}{2}$，所以 $\theta=\frac{\pi}{2}$，从而 $w=f(z)=2e^{i\frac{\pi}{2}}\frac{z-1}{z+1}=2i\frac{z-1}{z+1}$.

第三节 几个初等函数所构成的映射

一、幂函数 $w=z^n$

函数 $w=z^n$（其中 n 是大于 1 的自然数）在复平面上解析，它的导数是$\frac{dw}{dz}=nz^{n-1}$. 除了 $z=0$ 外，处处具有不为零的导数，所以在复平面上除去原点外，由 $w=z^n$ 所构成的映射处处是保角的.

令 $z=re^{i\theta}$，则 $w=r^ne^{in\theta}=\rho e^{i\varphi}$，设有角形区域 $0<\theta<\theta_0$，则对此区域内任意点 z，经映射后其像点 w 的辐角 φ 满足 $0<\varphi<n\theta_0$，因此 $w=z^n$ 的单叶性区域是顶点在原点张度不超过$\frac{2\pi}{n}$的角形区域.

由此我们得到，函数 $w=z^n$ 在角形区域 $0<\theta<\theta_0\left(\theta_0\leqslant\frac{2\pi}{n}\right)$内是单叶的，因而也是共形的，且幂函数 $w=z^n$ 将 z 平面上的角形区域 $0<\theta<\theta_0$ 共形映射成 w 平面上角形区域 $0<\varphi<n\theta_0$. 即幂函数的特点是：把以原点为顶点的角形域映射成以原点为顶点的角形域，但张角变成了原来的 n 倍（见图 6-6）.

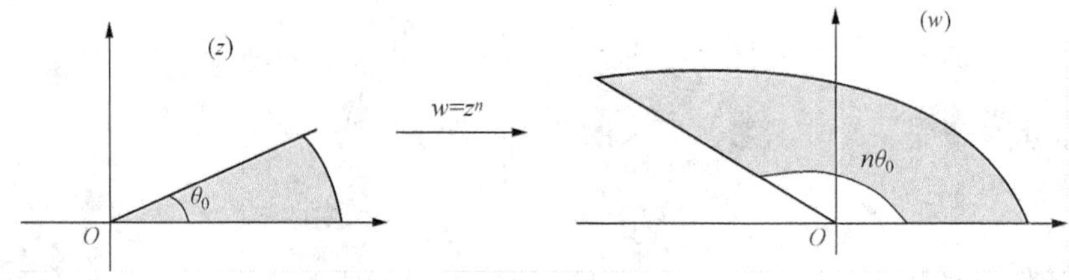

图 6-6

同理，作为幂函数 $w=z^n$ 的反函数，根式函数 $w=\sqrt[n]{z}$将 w 平面上角形区域 $0<\varphi<n\theta_0$ 共形映射成 z 平面上的角形区域 $0<\theta<\theta_0$，即根式函数的特点是缩小角形区域.

总之，以后我们要将角形区域的张度拉大或缩小时，就可以利用幂函数 $w=z^n$ 或根式函数 $w=\sqrt[n]{z}$所构成的共形映射.

例 1 求把角形区域 $0<\arg z<\frac{\pi}{4}$映射成单位圆内部$|w|<1$ 的一个共形映射.

解 $w=z^4$ 将所给角形区域 $0<\arg z<\frac{\pi}{4}$映射成上半平面 $\text{Im}z>0$. 又由上节的例

5，映射 $w=\frac{\zeta-\mathrm{i}}{\zeta+\mathrm{i}}$将上半平面映射成单位圆 $|w|<1$. 因此，所求映射为 $w=\frac{z^4-\mathrm{i}}{z^4+\mathrm{i}}$（见图 6－7）.

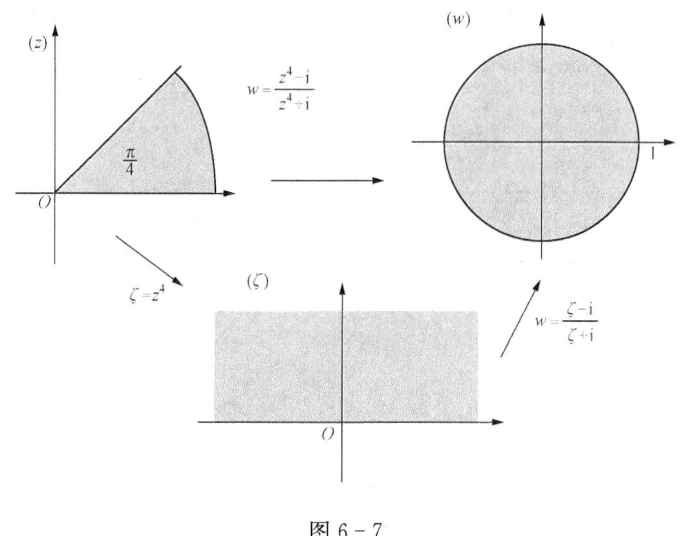

图 6－7

例 2 求把区域 D：$|z|<1$，$0<\arg z<\frac{\pi}{2}$变为上半平面 $\mathrm{Im}w>0$ 的一个共形映射.

解 首先由 $\xi=z^2$ 将 D 变为上半单位圆，由分式线性映射 $t=-\frac{\xi+1}{\xi-1}$将其变为第一象限，最后由映射 $s=t^2$ 变为上半平面，因此所求共形映射为 $w=\left(\frac{z^2-1}{z^2+1}\right)^2$.

二、指数函数 $w=\mathrm{e}^z$

函数 $w=\mathrm{e}^z$ 在复平面上解析，且 $(\mathrm{e}^z)'\neq0$，因而它在复平面上是保角的. 但指数函数是周期函数，从而不是单叶的，即在整个复平面上不是共形映射.

令 $w=r\mathrm{e}^{\mathrm{i}\theta}$，$z=x+\mathrm{i}y$，则由 $w=\mathrm{e}^{x+\mathrm{i}y}=\mathrm{e}^x\mathrm{e}^{\mathrm{i}y}$得 $r=\mathrm{e}^x$，$\theta=y$. 所以函数 $w=\mathrm{e}^z$ 把 z 平面上的直线 $y=h$ 映射为 w 平面上的从原点出发的射线 $\theta=h$，把 z 平面上的线段 $x=m(-\pi<y\leqslant\pi)$ 映射为 w 平面上的圆周 $r=\mathrm{e}^m$. 当 z 平面上的动直线从 $y=0$ 移动到 $y=h$ 时，带形区域 $0<y<h$ 就被映射为 w 平面上的角形区域 $0<\theta<h$，因此 $w=\mathrm{e}^z$ 的单叶性区域是 z 平面上平行于实轴，宽度不超过 2π 的带形区域 $0<\mathrm{Im}z<h(h\leqslant2\pi)$.

由此我们得到，指数函数在水平带形区域 $0<\mathrm{Im}z<h(h\leqslant2\pi)$ 内是共形映射，且将带形区域共形 $0<\mathrm{Im}z<h$ 映射为角形区域 $0<\arg w<h$. 同理，对数函数 $w=\ln z$ 作为指数函数 $w=\mathrm{e}^z$ 的反函数能将角形区域 $0<\arg w<h(h\leqslant2\pi)$ 共形映射为带形区域 $0<\mathrm{Im}z<h$（见图 6－8）.

例 3 求把带形区域 $0<\mathrm{Im}z<\pi$ 映射成单位圆内部 $|w|<1$ 的一个共形映射.

解 映射 $\xi=\mathrm{e}^z$ 带形区域 $0<\mathrm{Im}z<\pi$ 映射成 ξ 平面上的上半平面 $\mathrm{Im}\xi>0$，由上节例 5，映射 $w=\frac{\xi-\mathrm{i}}{\xi+\mathrm{i}}$将上半平面 $\mathrm{Im}\xi>0$ 映射成将如图单位圆内部 $|w|<1$，从而所求共形映射为 $w=\frac{\mathrm{e}^z-\mathrm{i}}{\mathrm{e}^z+\mathrm{i}}$（见图 6－9）.

例 4 求把带形区域 $a<\mathrm{Re}z<b$ 映射成上半平面 $\mathrm{Im}w>0$ 的一个共形映射，其中 $0<a<b$.

解 带形区域 $a<\mathrm{Re}z<b$ 经平行移动、放大（或缩小）及旋转的映射 $\xi=\dfrac{\pi \mathrm{i}}{b-a}(z-a)$ 后可映射成带形区域 $0<\mathrm{Im}z<\pi$，再用指数函数 $w=\mathrm{e}^{\xi}$ 可映射成上半平面 $\mathrm{Im}w>0$，因此所求映射为 $w=\mathrm{e}^{\frac{\pi \mathrm{i}}{b-a}(z-a)}$（见图 6-10）.

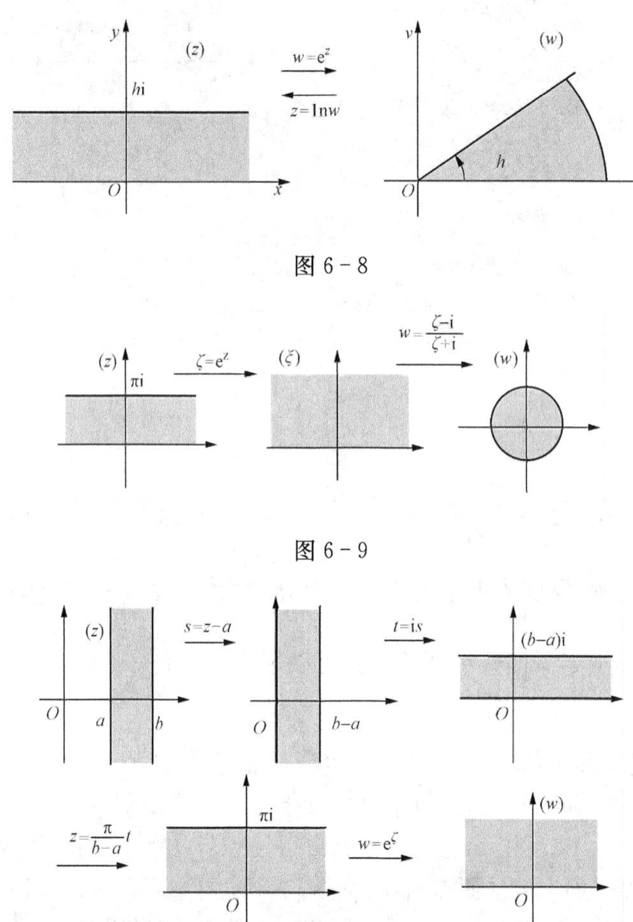

图 6-8

图 6-9

图 6-10

习　题　六

1. 填空题

(1) ________和________分别称为变换 $w=f(z)$ 在点 z_0 的旋转角和伸缩率.

(2) 映射 $w=z^2$ 在 $z=\mathrm{i}$ 处的伸缩率为________；旋转角为________.

(3) 若函数 $f(z)$ 在点 z_0 解析且 $f'(z_0)\neq 0$，那么映射 $w=f(z)$ 在 z_0 处具有______.

(4) 如果 $w=f(z)$ 在区域 D 内________，则称它为在 D 内是保形变换.

(5) 将点 $z=2$，i，-2 分别映射为点 $w=-1$，i，1 的分式线性变换为________.

(6) 把单位圆 $|z|<1$ 映射为圆域 $|w-1|<1$ 且满足 $w(0)=1$，$w'(0)>0$ 的分式线性

映射 $w(z)=$________.

(7) 映射 $w=e^z$ 将带形域 $0<\mathrm{Im}z<\frac{3}{4}\pi$ 映射为________.

(8) 映射 $w=z^3$ 将扇形域：$0<\arg z<\frac{\pi}{3}$ 且 $|z|<2$ 映射为________.

(9) 映射 $w=\frac{1}{2}\left(z+\frac{1}{z}\right)$ 将上半单位圆：$|z|<1$ 且 $\mathrm{Im}z>0$ 映射为________.

(10) $w=\ln z$ 将上半 z 平面变成________.

2. 单项选择题

(1) 若函数 $w=z^2+2z$ 构成的映射将 z 平面上区域 G 缩小，那么该区域 G 是（　　）.

(A) $|z|<\frac{1}{2}$　　(B) $|z+1|<\frac{1}{2}$

(C) $|z|>\frac{1}{2}$　　(D) $|z+1|>\frac{1}{2}$

(2) $w=z^3$ 在角形区域 D：（　　）是共形的.

(A) $0<\theta<\frac{\pi}{3}$　　(B) $\frac{\pi}{3}<\theta<\frac{2\pi}{3}$

(C) $-\frac{\pi}{3}<\theta<\frac{\pi}{3}$　　(D) $0<\theta<\pi$

(3) 如 $w=\frac{az+b}{cz+d}$ 将单位圆变成直线，其系数满足（　　）.

(A) $c=d$　　(B) $|c|=|d|$

(C) $ad-bc\neq 0$　　(D) $|c|=|d|$ 且 $ad-bc\neq 0$

(4) 点 $1+i$ 关于圆周 $(x-2)^2+(y-1)^2=4$ 的对称点是（　　）.

(A) $6+i$　　(B) $4+i$　　(C) $-2+i$　　(D) i

(5) 函数 $w=\frac{z^3-i}{z^3+i}$ 将角形域 $0<\arg z<\frac{\pi}{3}$ 映射为（　　）.

(A) $|w|<1$　　(B) $|w|>1$　　(C) $\mathrm{Im}w>0$　　(D) $\mathrm{Im}w<0$

(6) 分式线性变换 $w=\frac{2z-1}{2-z}$ 把圆周 $|z|=1$ 映射为（　　）.

(A) $|w|=1$　　(B) $|w|=2$　　(C) $|w-1|=1$　　(D) $|w-1|=2$

(7) 分式线性变换 $w=\frac{z+1}{1-z}$ 将区域：$|z|<1$ 且 $\mathrm{Im}z>0$ 映射为（　　）.

(A) $-\frac{\pi}{2}<\arg w<\pi$　　(B) $-\frac{\pi}{2}<\arg w<0$

(C) $\frac{\pi}{2}<\arg w<\pi$　　(D) $0<\arg w<\frac{\pi}{2}$

(8) 把带形域 $0<\mathrm{Im}z<\frac{\pi}{2}$ 映射成上半平面 $\mathrm{Im}w>0$ 的一个映射可写为（　　）.

(A) $w=2e^z$　　(B) $w=e^{2z}$　　(C) $w=ie^z$　　(D) $w=e^{iz}$

(9) $w=e^z$ 把带形区域 $\pi<\mathrm{Im}z<2\pi$ 共形变换成 w 平面的（　　）.

(A) 上半平面　　(B) 下半平面　　(C) 左半平面　　(D) 右半平面

(10) 函数 $w=\dfrac{e^z-1-i}{e^z-1+i}$将带形域 $0<\mathrm{Im}z<\pi$ 映射为（　　）.

(A) $\mathrm{Re}w>0$　(B) $\mathrm{Re}w<0$　(C) $|w|<1$　(D) $|w|>1$

3. 在映射 $w=iz$ 下，下列图形映射为什么图形?

(1) 以 $z_1=i$，$z_2=-1$，$z_3=1$ 为顶点的三角形;

(2) 圆域 $|z-1|\leqslant 1$.

4. 下列各题中，给出了三对对应点 $z_1\leftrightarrow w_1$，$z_2\leftrightarrow w_2$，$z_3\leftrightarrow w_3$ 的具体数值，分别写出相应的分式线性映射.

(1) $1\leftrightarrow 1$，$i\leftrightarrow 0$，$-i\leftrightarrow -1$;

(2) $1\leftrightarrow\infty$，$i\leftrightarrow -1$，$-1\leftrightarrow 0$;

(3) $\infty\leftrightarrow 0$，$i\leftrightarrow i$，$0\leftrightarrow\infty$;

(4) $\infty\leftrightarrow 0$，$0\leftrightarrow 1$，$1\leftrightarrow\infty$.

5. 求将上半 z 平面 $\mathrm{Im}z>0$ 共形映射为单位圆内部 $|w|<1$ 的分式线性映射 $w=f(z)$，使满足条件:

(1) $f(i)=0$，$f(-1)=1$;

(2) $f(i)=0$，$f'(i)>0$;

(3) $f(i)=0$，$\arg f'(i)=\dfrac{\pi}{2}$.

6. 求将区域 $|z|<1$ 映射成 $|w|<1$ 的分式线性映射 $w=f(z)$，使满足条件:

(1) $f\left(\dfrac{1}{2}\right)=0$，$f(1)=-1$;

(2) $f\left(\dfrac{1}{2}\right)=0$，$\arg f'\left(\dfrac{1}{2}\right)=-\dfrac{\pi}{2}$.

7. 求把角形区域 $-\dfrac{\pi}{6}<\arg z<\dfrac{\pi}{6}$ 映射成单位圆内部 $|w|<1$ 的一个共形映射.

8. 求将区域 D: $|z+i|<2$，$\mathrm{Im}z>0$ 到上半平面的一个共形映射.

9. 求将区域 $a<\mathrm{Im}z<b$ 到上半平面的一个共形映射，其中 $0<a<b$.

10. 求将区域 $|z|<2$ 及 $|z-1|>1$ 的公共部分变换成上半平面的一个共形映射.

第七章 傅里叶变换

积分变换的理论和方法不仅在数学的许多分支中，而且在其他自然科学和各种工程技术领域中都有着广泛的应用，它已经成为一种不可缺少的运算工具. 本章从傅里叶级数出发，引出在电学、力学、控制论等许多工程和科学领域中有着广泛应用的一个积分变换——傅里叶变换，讨论它们的基本性质和一些简单的应用.

第一节 傅里叶变换的概念

傅里叶变换对现代科学技术具有很重要的意义，它在通信理论、自动控制、电子技术等多种学科中有着广泛的应用. 在一定意义上可以说，傅里叶变换起着沟通不同学科领域的作用，是近代科学技术的基本数学工具之一.

一、傅里叶积分

高等数学中，学习傅里叶级数时，以 T 为周期的函数 $f_T(t)$ 在区间 $\left[-\frac{T}{2}, \frac{T}{2}\right]$ 上满足狄利克雷（Dirichlet）条件，即 $f_T(t)$ 在 $\left[-\frac{T}{2}, \frac{T}{2}\right]$ 上满足

（1）连续或只有有限个第一类间断点；

（2）至多有限个极值点.

则在 $f_T(t)$ 的连续点处，有傅里叶级数展开式

$$f_T(t) = \frac{a_0}{2} + \sum_{n=1}^{\infty}(a_n \cos n\omega_0 t + b_n \sin n\omega_0 t) \tag{7-1}$$

其中 $\omega_0 = \frac{2\pi}{T}$，$a_n = \frac{2}{T}\int_{-\frac{T}{2}}^{\frac{T}{2}} f_T(t)\cos n\omega_0 t\mathrm{d}t \quad (n = 0,1,2,\cdots)$

$$b_n = \frac{2}{T}\int_{-\frac{T}{2}}^{\frac{T}{2}} f_T(t)\sin n\omega_0 t\mathrm{d}t \quad (n = 1,2,\cdots)$$

当 t 为 $f_T(t)$ 间断点时，级数收敛于 $\frac{1}{2}[f_T(t+0) + f_T(t-0)]$.

为今后应用上的方便，下面把傅里叶级数的三角形式转换为复指数形式. 按照工程中通常的习惯，用 j 表示虚数单位，由欧拉公式

$$\cos n\omega_0 t = \frac{\mathrm{e}^{\mathrm{j}n\omega_0 t} + \mathrm{e}^{-\mathrm{j}n\omega_0 t}}{2}, \quad \sin n\omega_0 t = \frac{\mathrm{e}^{\mathrm{j}n\omega_0 t} - \mathrm{e}^{-\mathrm{j}n\omega_0 t}}{2\mathrm{j}}$$

代入式（7-1）得

$$f_T(t) = \frac{a_0}{2} + \sum_{n=1}^{+\infty}\left[\frac{a_n - \mathrm{j}b_n}{2}\mathrm{e}^{\mathrm{j}n\omega_0 t} + \frac{a_n + \mathrm{j}b_n}{2}\mathrm{e}^{-\mathrm{j}n\omega_0 t}\right]$$

令 $c_0 = \frac{a_0}{2}$，$c_n = \frac{a_n - \mathrm{j}b_n}{2}$，$c_{-n} = \frac{a_n + \mathrm{j}b_n}{2}$（$n=1, 2, \cdots$）

可得

$$f_T(t)=\sum_{n=-\infty}^{+\infty}c_n\mathrm{e}^{\mathrm{j}n\omega_0 t} \tag{7-2}$$

$$c_n=\frac{1}{T}\int_{-\frac{T}{2}}^{\frac{T}{2}}f_T(t)\mathrm{e}^{-\mathrm{j}n\omega_0 t}\mathrm{d}t \quad (n=0,\pm1,\pm2,\cdots) \tag{7-3}$$

称式（7－2）为傅里叶级数的复指数形式.

下面讨论非周期函数的展开问题. 一般而言，任何一个非周期函数 $f(t)$ 都可以看成是由某个周期函数 $f_T(t)$ ，当 $T\to+\infty$时转化而来的. 下面我们简单说明这一点.

设 $f(t)$ 为非周期函数，作周期为 T 的函数 $f_T(t)$ ，使其在$\left[-\frac{T}{2},\ \frac{T}{2}\right]$之内等于 $f(t)$ ，而在$\left[-\frac{T}{2},\ \frac{T}{2}\right]$之外按周期 T 的函数 $f_T(t)$ 延拓出去，即

$$f_T(t)=\begin{cases}f(t),\ t\in\left[-\frac{T}{2},\frac{T}{2}\right]\\ f_T(t+T),t\notin\left[-\frac{T}{2},\ \frac{T}{2}\right]\end{cases}$$

T 越大，$f_T(t)$ 与 $f(t)$ 相等的范围也越大，这表明当 $T\to+\infty$时，周期函数 $f_T(t)$ 便可转化为 $f(t)$ ，即有

$$\lim_{T\to+\infty}f_T(t)=f(t)$$

这样，在式（7－2）中，令 $T\to+\infty$时，结果就可以看成是 $f(t)$ 的展开式，即

$$f(t)=\lim_{T\to+\infty}\frac{1}{T}\sum_{n=-\infty}^{+\infty}\left[\int_{-\frac{T}{2}}^{\frac{T}{2}}f_T(\tau)\mathrm{e}^{-\mathrm{j}n\omega_0\tau}\mathrm{d}\tau\right]\mathrm{e}^{\mathrm{j}n\omega_0 t}$$

这是一个和式的极限，按照积分定义，在一定条件下，上式可写为

$$f(t)=\frac{1}{2\pi}\int_{-\infty}^{+\infty}\left[\int_{-\infty}^{+\infty}f(\tau)\mathrm{e}^{-\mathrm{j}\omega\tau}\mathrm{d}\tau\right]\mathrm{e}^{\mathrm{j}\omega t}\mathrm{d}\omega \tag{7-4}$$

这个公式称为傅里叶积分公式，简称为傅氏积分. 应该指出，上式是由式（7－3）右端从形式上推出来的，是不严格的. 至于一个非周期函数 $f(t)$ 在什么条件下可用傅氏积分表示，有下面的定理.

傅氏积分定理　若 $f(t)$ 在（$-\infty$，$+\infty$）上绝对可积（即反常积分 $\int_{-\infty}^{+\infty}|f(t)|\mathrm{d}t$ 收敛)，且在任一有限区间上满足狄利克雷条件，则

$$\frac{1}{2\pi}\int_{-\infty}^{+\infty}\left[\int_{-\infty}^{+\infty}f(\tau)\mathrm{e}^{-\mathrm{j}\omega\tau}\mathrm{d}\tau\right]\mathrm{e}^{\mathrm{j}\omega t}\mathrm{d}\omega=\begin{cases}f(t) & \text{当 } t \text{ 为连续点时}\\ \dfrac{f(t-0)+f(t+0)}{2} & \text{当 } t \text{ 为间断点时}\end{cases} \tag{7-5}$$

这个定理的条件是充分的，它的证明要用到较多的基础理论，这里从略. 式（7－5）称为傅氏积分公式的复指数形式，稍加改变，可以得到其他形式（见习题).

二、傅里叶变换

如果函数 $f(t)$ 满足傅氏积分定理的条件，则在 $f(t)$ 的连续点处，有

$$f(t)=\frac{1}{2\pi}\int_{-\infty}^{+\infty}\left[\int_{-\infty}^{+\infty}f(\tau)\mathrm{e}^{-\mathrm{j}\omega\tau}\mathrm{d}\tau\right]\mathrm{e}^{\mathrm{j}\omega t}\mathrm{d}\omega$$

令

$$F(\omega)=\int_{-\infty}^{+\infty} f(t)\mathrm{e}^{-\mathrm{j}\omega t}\mathrm{d}t \tag{7-6}$$

则

$$f(t)=\frac{1}{2\pi}\int_{-\infty}^{+\infty} F(\omega)\mathrm{e}^{\mathrm{j}\omega t}\mathrm{d}\omega \tag{7-7}$$

从上面两式可以看出，$f(t)$ 和 $F(\omega)$ 通过指定的积分运算可以相互表达. 式（7-6）称为 $f(t)$ 的傅里叶变换式，记为

$$F(\omega)=\mathscr{F}[f(t)]$$

式（7-6）右端的积分运算，叫做对 $f(t)$ 作傅里叶变换，简称傅氏变换. $F(\omega)$ 称为 $f(t)$ 的像函数. 式（7-7）称为傅里叶逆变换式，记为

$$f(t)=\mathscr{F}^{-1}[F(\omega)]$$

式（7-7）右端的积分运算，叫做对 $F(\omega)$ 作傅里叶逆变换，简称傅氏逆变换. $f(t)$ 称为 $F(\omega)$ 的像原函数.

通常称 $F(\omega)$ 和 $f(t)$ 构成了一个傅氏变换对，可以证明它们有相同的奇偶性.

需要说明的是，以上反常积分都是柯西意义下的主值，即

$$\int_{-\infty}^{+\infty} x(t)\mathrm{d}t=\lim_{a\to+\infty}\int_{-a}^{a} x(t)\mathrm{d}t$$

在此意义下，若 $x(t)$ 为奇函数，则

$$\int_{-\infty}^{+\infty} x(t)\mathrm{d}t=0$$

若 $x(t)$ 为偶函数，则

$$\int_{-\infty}^{+\infty} x(t)\mathrm{d}t=2\int_{0}^{+\infty} x(t)\mathrm{d}t$$

例 1 求矩形脉冲函数

$$f(t)=\begin{cases}1, & |t|\leqslant 1\\ 0, & |t|>1\end{cases}$$

的傅氏变换及其傅氏积分表达式.

解 $f(t)$ 的傅氏变换为

$$F(\omega)=\int_{-\infty}^{+\infty} f(t)\mathrm{e}^{-\mathrm{j}\omega t}\mathrm{d}t=\int_{-1}^{1}\mathrm{e}^{-\mathrm{j}\omega t}\mathrm{d}t=\frac{1}{-\mathrm{j}\omega}(\mathrm{e}^{-\mathrm{j}\omega}-\mathrm{e}^{\mathrm{j}\omega})\bigg|_{-1}^{1}=\frac{2\sin\omega}{\omega}$$

由于 $f(t)$ 在 $|t|\neq1$ 时连续，利用奇偶函数的积分性质可得 $f(t)$ 的傅氏积分表达式为

$$\begin{aligned}f(t)&=\frac{1}{2\pi}\int_{-\infty}^{+\infty}F(\omega)\mathrm{e}^{\mathrm{j}\omega t}\mathrm{d}\omega=\frac{1}{2\pi}\int_{-\infty}^{+\infty}\frac{2\sin\omega}{\omega}\mathrm{e}^{\mathrm{j}\omega t}\mathrm{d}\omega\\&=\frac{1}{\pi}\int_{-\infty}^{+\infty}\frac{\sin\omega}{\omega}(\cos\omega t+\mathrm{j}\sin\omega t)\mathrm{d}\omega=\frac{2}{\pi}\int_{0}^{+\infty}\frac{\sin\omega\cos\omega t}{\omega}\mathrm{d}\omega\end{aligned}$$

当 $|t|=1$ 时，右端积分收敛于 $\frac{1}{2}$.

由此我们得到一个含参量反常积分的结果

$$\int_{0}^{+\infty}\frac{\sin\omega\cos\omega t}{\omega}=\frac{\pi}{2}f(t)=\begin{cases}0, |t|>1\\ \frac{\pi}{4}, |t|=1\\ \frac{\pi}{2}, |t|<1\end{cases}$$

特别地，当 $t=0$，有 $\int_0^{+\infty}\frac{\sin\omega}{\omega}\mathrm{d}\omega=\frac{\pi}{2}$，这个积分称为狄利克雷积分.

求一个函数的傅氏积分表达式时，能够得到某些含参变量反常积分的值，这是积分变换的一个重要作用，也是含参变量反常积分的一种巧妙解法.

例 2 求指数衰减函数 $f(t)=\begin{cases}\mathrm{e}^{-\beta t}, & t\geqslant 0\\ 0, & t<0\end{cases}$ $(\beta>0)$ 的傅氏变换及傅氏积分表达式.

解 $f(t)$ 的傅氏变换为

$$F(\omega)=\int_{-\infty}^{+\infty}f(t)\mathrm{e}^{-\mathrm{j}\omega t}\mathrm{d}t=\int_0^{+\infty}\mathrm{e}^{-\beta t}\mathrm{e}^{-\mathrm{j}\omega t}\mathrm{d}t=\int_0^{+\infty}\mathrm{e}^{-(\beta+\mathrm{j}\omega)t}\mathrm{d}t$$

$$=\frac{1}{\beta+\mathrm{j}\omega}=\frac{\beta-\mathrm{j}\omega}{\beta^2+\omega^2}$$

当 $t\neq 0$ 时，$f(t)$ 的傅氏积分表达式为

$$f(t)=\frac{1}{2\pi}\int_{-\infty}^{+\infty}F(\omega)\mathrm{e}^{\mathrm{j}\omega t}\mathrm{d}\omega=\frac{1}{2\pi}\int_{-\infty}^{+\infty}\frac{\beta-\mathrm{j}\omega}{\beta^2+\omega^2}\mathrm{e}^{\mathrm{j}\omega t}\mathrm{d}\omega$$

$$=\frac{1}{2\pi}\int_{-\infty}^{+\infty}\frac{\beta\cos\omega t+\omega\sin\omega t}{\beta^2+\omega^2}\mathrm{d}\omega$$

$$=\frac{1}{\pi}\int_0^{+\infty}\frac{\beta\cos\omega t+\omega\sin\omega t}{\beta^2+\omega^2}\mathrm{d}\omega$$

当 $t=0$ 时，右侧的积分收敛到 $\frac{1}{2}$，由此也可得到一个含参变量反常积分的结果

$$\int_0^{+\infty}\frac{\beta\cos\omega t+\omega\sin\omega t}{\beta^2+\omega^2}\mathrm{d}\omega=\pi f(t)=\begin{cases}0, & t<0\\ \frac{\pi}{2}, & t=0\\ \pi\mathrm{e}^{-\beta t}, & t>0\end{cases}$$

例 3 已知 $f(t)$ 的傅里叶变换为 $F(\omega)=\frac{2}{\mathrm{j}\omega}$，求 $f(t)$.

解

$$f(t)=\mathscr{F}^{-1}[F(\omega)]=\frac{1}{2\pi}\int_{-\infty}^{+\infty}F(\omega)\mathrm{e}^{\mathrm{j}\omega t}\mathrm{d}\omega$$

$$=\frac{1}{2\pi}\int_{-\infty}^{+\infty}\frac{2}{\mathrm{j}\omega}\mathrm{e}^{\mathrm{j}\omega t}\mathrm{d}\omega=\frac{1}{\mathrm{j}\pi}\int_{-\infty}^{+\infty}\frac{1}{\omega}(\cos\omega t+\mathrm{j}\sin\omega t)\mathrm{d}\omega$$

$$=\frac{2}{\pi}\int_0^{+\infty}\frac{\sin\omega t}{\omega}\mathrm{d}\omega$$

利用狄利克雷积分 $\int_0^{+\infty}\frac{\sin\omega}{\omega}\mathrm{d}\omega=\frac{\pi}{2}$，得

$$\int_0^{+\infty}\frac{\sin\omega t}{\omega}\mathrm{d}\omega=\begin{cases}-\frac{\pi}{2}, & t<0\\ \frac{\pi}{2}, & t>0\end{cases}$$

于是有

$$f(t)=\frac{2}{\pi}\int_0^{+\infty}\frac{\sin\omega t}{\omega}\mathrm{d}\omega=\begin{cases}-1, & t<0\\ 1, & t>0\end{cases}$$

$f(t)$ 又称为符号函数，记为 sgn$t$. 从而 sgn$t$ 与$\frac{2}{\mathrm{j}\omega}$构成一个傅氏变换对.

三、δ 函数及其傅氏变换

1. δ 函数的概念

由傅氏变换的定义可知，$f(t)$ 要在（$-\infty$，$+\infty$）上绝对可积，才存在傅氏变换．这样的条件很严格，使许多常见的函数如 1，t，sin$t$ 等都不能进行傅氏变换. 为了扩充变换的概念及其应用范围，引入 δ 函数，它是一个非常重要的函数. 从物理学上看，δ 函数的提出是十分自然的. 下面通过一个具体例子，说明这种函数引入的必要性.

例 4 设某一电路中原来的电流为 0，某一瞬时（设 $t=0$ 时）进入一单位电量的脉冲，求电路上的电流 $i(t)$．

解 由已知，电路中的电量 $q(t)=\begin{cases}0, & t\neq 0\\ 1, & t=0\end{cases}$，由于电流强度是电量函数对时间的变化率，所以

$$i(t)=\frac{\mathrm{d}q(t)}{\mathrm{d}t}=\lim_{\Delta t\to 0}\frac{q(t+\Delta t)-q(t)}{\Delta t}=\begin{cases}0, & t\neq 0\\ \lim\limits_{\Delta t\to 0}\left(-\frac{1}{\Delta t}\right)=\infty, & t=0\end{cases}$$

即 $i(t)=\begin{cases}0, & t\neq 0\\ \infty, & t=0\end{cases}$. 在普通意义的函数类中找不到一个函数能够用来表示上述电路的电流强度，因此必须引入新的函数.

定义 1 如果一个函数满足下列两个条件，则称之为 δ 函数，并记为 $\delta(t)$．

(1) $\delta(t)=\begin{cases}0, & t\neq 0\\ \infty, & t=0\end{cases}$；

(2) $\int_{-\infty}^{+\infty}\delta(t)\mathrm{d}t=1$．

由此可见，δ 函数不是一个普通函数，一方面，没有普通意义的“函数值”，它是一个广义函数；另一方面，我们知道，只改变函数在一点的值不影响该函数的积分值，然而 δ 函数在整个实轴上除 $t=0$ 外处处为 0，但它的积分值非 0.

δ 函数在物理学中具有重要作用，它最先是由狄拉克在量子力学中引入的，所以也叫狄拉克（Dirac）函数或单位脉冲函数、单位冲激函数. 其实，它在经典物理学中也极为有用，它反映了诸如点质量、点电荷、点热源等集中分布的物理量的客观实际，它是将集中分布的量当作连续分布的量来处理的重要工具.

下面我们从另一种形式定义 δ 函数.

定义 2 函数

$$\delta_\tau(t)=\begin{cases}0, & t<0 \text{ 或 } t>\tau\\ \frac{1}{\tau}, & 0\leqslant t\leqslant\tau\end{cases}$$

称为脉宽为 τ，振幅为$\frac{1}{\tau}$的矩形脉冲函数［见图 7－1（a)］而称

$$\delta(t)=\lim_{\tau\to 0}\delta_\tau(t)$$

为 δ 函数.

δ 函数的图形可用从原点出发的长度为 1 的有向线段来表示，其中有向线段的长度代表 δ 函数的积分值，称为冲激强度，如图 7－1（b）所示.

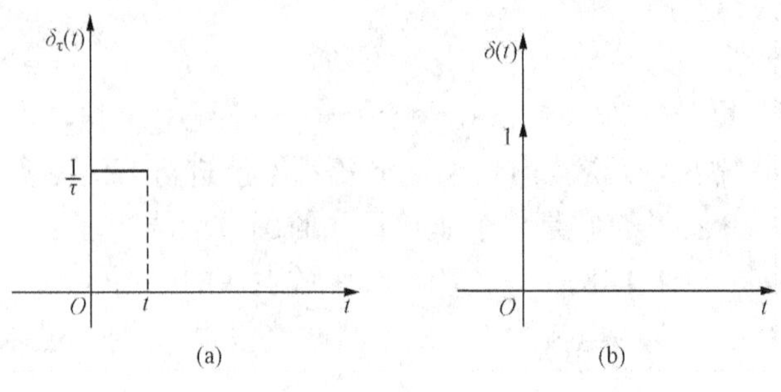

图 7－1

2. δ 函数的性质

下面我们不加证明地给出 δ 函数的几个基本性质.

性质 1 乘积（抽样）性质 若 $f(t)$ 在 $t=t_0$ 连续，则

$$f(t)\delta(t-t_0)=f(t_0)\delta(t-t_0)$$

特别地，有 $t\delta(t)=0$.

性质 2 筛选性质 设 $f(t)$ 是定义在 $(-\infty, +\infty)$ 上的连续函数，则

$$\int_{-\infty}^{+\infty}\delta(t)f(t)\mathrm{d}t=f(0)$$

一般，有

$$\int_{-\infty}^{+\infty}\delta(t-t_0)f(t)\mathrm{d}t=f(t_0)$$

即对任何一个连续函数 $f(t)$ 都对应着一个确定的数 $f(0)$ 或 $f(t_0)$，这一性质使得 δ 函数在近代物理和工程技术中有着广泛的应用.

性质 3 $\delta(-t)=\delta(t)$，即 δ 函数是偶函数.

性质 4 设 $u(t)=\begin{cases}0, & t<0\\ 1, & t>0\end{cases}$（称为单位阶跃函数），则

$$\int_{-\infty}^{t}\delta(t)\mathrm{d}t=u(t), \quad \frac{\mathrm{d}u(t)}{\mathrm{d}t}=\delta(t)$$

即单位阶跃函数为单位脉冲函数的一个原函数.

3. δ 函数的傅氏变换

利用 δ 函数的筛选性质，我们可以很方便地求出 δ 函数的傅氏变换

$$\mathscr{F}[\delta(t)]=\int_{-\infty}^{+\infty}\delta(t)\mathrm{e}^{-\mathrm{j}\omega t}\mathrm{d}t=\mathrm{e}^{-\mathrm{j}\omega t}\big|_{t=0}=1$$

可见，δ 函数与常数 1 构成一组傅氏变换对，从而有

$$\delta(t)=\mathscr{F}^{-1}[1]=\frac{1}{2\pi}\int_{-\infty}^{+\infty}\mathrm{e}^{\mathrm{j}\omega t}\mathrm{d}\omega \qquad (7-8)$$

在物理学和工程技术中，有许多重要函数不满足傅氏积分定理中的绝对可积条件，即不满足 $\int_{-\infty}^{+\infty}|f(x)|\mathrm{d}x<\infty$，例如常数、符号函数、单位阶跃函数、正弦和余弦函数等，但是利用 δ 函数及其傅氏变换就可以求出它们的傅氏变换，这就是广义的傅氏变换，所谓广义

是相对于古典意义而言的. 在广义意义下，同样可以说，像函数 $F(\omega)$ 和像原函数 $f(t)$ 构成一个傅氏变换对.

例 5 分别求函数 $f_1(t)=1$ 与 $f_2(t)=e^{j\omega_0 t}$ 的傅氏变换.

解 由傅氏变换的定义及式 (7-8)，有

$$F_1(\omega)=\mathscr{F}\left[f_1(t)\right]=\int_{-\infty}^{+\infty}e^{-j\omega t}dt=2\pi\delta(-\omega)=2\pi\delta(\omega)$$

$$F_2(\omega)=\mathscr{F}\left[f_2(t)\right]=\int_{-\infty}^{+\infty}e^{j\omega_0 t}e^{-j\omega t}dt=\int_{-\infty}^{+\infty}e^{j(\omega_0-\omega)t}dt$$
$$=2\pi\delta(\omega_0-\omega)=2\pi\delta(\omega-\omega_0)$$

例 6 求函数 $f(t)=\cos\omega_0 t$ 的傅氏变换.

解 $$F(\omega)=\int_{-\infty}^{+\infty}\cos\omega_0 t e^{-j\omega t}dt=\int_{-\infty}^{+\infty}\frac{1}{2}(e^{j\omega_0 t}+e^{-j\omega_0 t})e^{-j\omega t}dt$$
$$=\frac{1}{2}\int_{-\infty}^{+\infty}(e^{-j(\omega-\omega_0)t}+e^{-j(\omega+\omega_0)t})dt=\pi[\delta(\omega-\omega_0)+\delta(\omega+\omega_0)].$$

同理可得

$$\mathscr{F}\left[\sin\omega_0 t\right]=j\pi[\delta(\omega+\omega_0)-\delta(\omega-\omega_0)].$$

第二节 傅里叶变换的性质

本节将介绍傅氏变换的几个重要性质，这些性质在工程技术领域有着广泛的应用基础. 为叙述方便，当涉及某一函数需要进行傅氏变换时，我们约定这个函数满足傅氏积分定理的条件.

一、线性性质

设 $F_1(\omega)=\mathscr{F}\left[f_1(t)\right],F_2(\omega)=\mathscr{F}[f_2(t)]$，$\alpha$，$\beta$ 是常数，则

$$\mathscr{F}\left[\alpha f_1(t)+\beta f_2(t)\right]=\alpha F_1(\omega)+\beta F_2(\omega)$$
$$\mathscr{F}^{-1}[\alpha F_1(\omega)+\beta F_2(\omega)]=\alpha f_1(t)+\beta f_2(t)$$

本性质利用积分的线性性质即可证. 这个性质揭示出傅氏变换是一种线性运算，它满足迭加原理之特性，并且告诉我们在各种线性系统分析中，傅氏变换是畅通无阻的.

例 1 求单位阶跃函数 $u(t)=\begin{cases}0, & t<0\\1, & t>0\end{cases}$ 的傅氏变换.

解 由上一节，我们已经得到下面两个傅氏变换

$$\mathscr{F}\left[1\right]=2\pi\delta(\omega),\ \mathscr{F}\left[\text{sgn}t\right]=\frac{2}{j\omega}$$

由于 $u(t)=\frac{1}{2}+\frac{1}{2}\text{sgn}t$，从而由傅氏变换的线性性质得

$$\mathscr{F}\left[u(t)\right]=\pi\delta(\omega)+\frac{1}{j\omega}$$

二、对称性质

若设 $F(\omega)=\mathscr{F}\left[f(t)\right]$，则 $\mathscr{F}\left[F(t)\right]=2\pi f(-\omega)$.

证 由傅氏变换定义 $f(t)=\frac{1}{2\pi}\int_{-\infty}^{+\infty}F(\omega)e^{j\omega t}d\omega$ 得

$$f(-t)=\frac{1}{2\pi}\int_{-\infty}^{+\infty}F(\omega)\mathrm{e}^{-\mathrm{j}\omega t}\mathrm{d}\omega$$

t 与 ω 互换得

$$2\pi f(-\omega)=\int_{-\infty}^{+\infty}F(t)\mathrm{e}^{-\mathrm{j}\omega t}\mathrm{d}t$$

即 $\mathscr{F}[F(t)]=2\pi f(-\omega)$.

例 2 求傅氏变换 $\mathscr{F}\left[\frac{\sin t}{t}\right]$.

解 由上节例 1 知，若 $f(t)=\begin{cases}1, & |t|\leqslant 1\\ 0, & |t|>1\end{cases}$，则 $F(\omega)=\frac{2\sin\omega}{\omega}$.

从而 $$\mathscr{F}\left[2\frac{\sin t}{t}\right]=2\pi f(-\omega)=\begin{cases}2\pi, & |-\omega|\leqslant 1\\ 0, & |-\omega|>1\end{cases}.$$

即 $$\mathscr{F}\left[\frac{\sin t}{t}\right]=\begin{cases}\pi, & |\omega|\leqslant 1\\ 0, & |\omega|>1\end{cases}.$$

三、位移性质

1. 时移性质

设 $F(\omega)=\mathscr{F}[f(t)]$，$t_0$ 为实常数，则

$$\mathscr{F}[f(t-t_0)]=\mathrm{e}^{-\mathrm{j}\omega t_0}F(\omega)$$

证 由傅氏变换定义有

$$\mathscr{F}[f(t-t_0)]=\int_{-\infty}^{+\infty}f(t-t_0)\mathrm{e}^{-\mathrm{j}\omega t}\mathrm{d}t$$

作变量代换 $t_1=t-t_0$ 得

$$\begin{aligned}\mathscr{F}[f(t-t_0)]&=\int_{-\infty}^{+\infty}f(t_1)\mathrm{e}^{-\mathrm{j}\omega t_1}\mathrm{e}^{-\mathrm{j}\omega t}\mathrm{d}t_1\\&=\mathrm{e}^{-\mathrm{j}\omega t_0}\mathscr{F}[f(t)]=\mathrm{e}^{-\mathrm{j}\omega t_0}F(\omega)\end{aligned}$$

2. 频移性质

设 $F(\omega)=\mathscr{F}[f(t)]$，$\omega_0$ 为实常数，则

$$\mathscr{F}^{-1}[F(\omega-\omega_0)]=\mathrm{e}^{\mathrm{j}\omega_0 t}f(t)\text{ 或 }\mathscr{F}[\mathrm{e}^{\mathrm{j}\omega_0 t}f(t)]=F(\omega-\omega_0)$$

例 3 求函数 $f(t)=\mathrm{e}^{\mathrm{j}\omega_0 t}u(t-t_0)$ 的傅氏变换.

解 利用傅氏变换的位移性质得

$$\mathscr{F}[u(t-t_0)]=\mathrm{e}^{-\mathrm{j}\omega t_0}\mathscr{F}[u(t)]=\mathrm{e}^{-\mathrm{j}\omega t_0}\left[\frac{1}{\mathrm{j}\omega}+\pi\delta(\omega)\right]$$

$$\mathscr{F}[\mathrm{e}^{\mathrm{j}\omega_0 t}u(t-t_0)]=\mathrm{e}^{-\mathrm{j}(\omega-\omega_0)t_0}\left[\frac{1}{\mathrm{j}(\omega-\omega_0)}+\pi\delta(\omega-\omega_0)\right]$$

例 4 设 $F(\omega)=F[f(t)]$，ω_0 为常数，证明

$$\mathscr{F}[f(t)\cos\omega_0 t]=\frac{1}{2}[F(\omega+\omega_0)+F(\omega-\omega_0)]$$

$$\mathscr{F}[f(t)\sin\omega_0 t]=\frac{\mathrm{j}}{2}[F(\omega+\omega_0)-F(\omega-\omega_0)]$$

证 $\mathscr{F}[f(t)\cos\omega_0 t]=\mathscr{F}\left[f(t)\cdot\frac{\mathrm{e}^{\mathrm{j}\omega_0 t}+\mathrm{e}^{-\mathrm{j}\omega_0 t}}{2}\right]$

$$=\frac{1}{2}\mathscr{F}[f(t)e^{j\omega_0 t}]+\frac{1}{2}\mathscr{F}[f(t)e^{-j\omega_0 t}]$$

$$=\frac{1}{2}[F(\omega-\omega_0)+F(\omega+\omega_0)]$$

类似地可得

$$\mathscr{F}[f(t)\sin\omega_0 t]=\frac{j}{2}[F(\omega+\omega_0)-F(\omega-\omega_0)]$$

例 4 的结论可作为公式使用，例如

$$\mathscr{F}[u(t)\cos\omega_0 t]=\frac{1}{2}\left[\frac{1}{j(\omega-\omega_0)}+\pi\delta(\omega-\omega_0)+\frac{1}{j(\omega+\omega_0)}+\pi\delta(\omega+\omega_0)\right]$$

$$=\frac{j\omega}{\omega_0^2-\omega^2}+\frac{\pi}{2}[\delta(\omega-\omega_0)+\delta(\omega+\omega_0)]$$

四、相似性质

设 $F(\omega)=\mathscr{F}[f(t)]$，$a$ 为非零常数，则

$$\mathscr{F}[f(at)]=\frac{1}{|a|}F\left(\frac{\omega}{a}\right)$$

特别地，$\mathscr{F}[f(-t)]=F(-\omega)$.

证 $\mathscr{F}[f(at)]=\int_{-\infty}^{+\infty}f(at)e^{-j\omega t}dt$，令 $x=at$，则有

当 $a>0$ 时，$\mathscr{F}[f(at)]=\frac{1}{a}\int_{-\infty}^{+\infty}f(x)e^{-j\omega\frac{\omega}{a}x}dx=\frac{1}{a}F\left(\frac{\omega}{a}\right)$；

当 $a<0$ 时，$\mathscr{F}[f(at)]=\frac{1}{a}\int_{+\infty}^{-\infty}f(x)e^{-j\omega\frac{\omega}{a}x}dx=-\frac{1}{a}F\left(\frac{\omega}{a}\right)$.

综合上述两种情况，得

$$\mathscr{F}[f(at)]=\frac{1}{|a|}F\left(\frac{\omega}{a}\right)$$

这一性质表明，如果函数 $f(t)$ 的图像变窄，则其傅氏变换的图像将变宽变矮；反之，若 $f(t)$ 变宽，则其傅氏变换将变高变窄，所以这个性质称为相似性质.

例如，已知 $\mathscr{F}[\delta(t)]=F(\omega)=1$，由相似性质得 $\mathscr{F}[\delta(2t)]=\frac{1}{2}F\left(\frac{\omega}{2}\right)=\frac{1}{2}$.

五、微分性质

1. 像原函数的导数

设 $F(\omega)=\mathscr{F}[f(t)]$，则

$$\mathscr{F}[f'(t)]=j\omega F(\omega)$$

一般，有

$$\mathscr{F}[f^{(n)}(t)]=(j\omega)^n F(\omega)$$

证 由 $f(t)=\frac{1}{2\pi}\int_{-\infty}^{+\infty}F(\omega)e^{j\omega t}d\omega$ 得 $f'(t)=\frac{1}{2\pi}\int_{-\infty}^{+\infty}F(\omega)(j\omega)e^{j\omega t}d\omega$

即

$$\mathscr{F}[f'(t)]=j\omega F(\omega)$$

同理可推得 $\mathscr{F}[f^{(n)}(t)]=(j\omega)^n F(\omega)$.

2. 像函数的导数

设 $F(\omega)=\mathscr{F}[f(t)]$，则

$$F'(\omega)=(-\mathrm{j})\mathscr{F}[tf(t)] \text{ 或 } \mathscr{F}[tf(t)]=\mathrm{j}F'(\omega)$$

一般，有

$$F^{(n)}(\omega)=(-\mathrm{j})^n\mathscr{F}[t^nf(t)] \text{ 或 } \mathscr{F}[t^nf(t)]=\mathrm{j}^nF^{(n)}(\omega)$$

当 $f(t)$ 的傅氏变换已知时，可用上式求 $t^nf(t)$ 的傅氏变换.

例 5 求函数 $tu(t)$ 及 t^n 的傅氏变换.

解 由于 $\mathscr{F}[u(t)]=\frac{1}{\mathrm{j}\omega}+\pi\delta(\omega)$，由像函数的导数公式得

$$\mathscr{F}[tu(t)]=\mathrm{j}\left[\frac{1}{\mathrm{j}\omega}+\pi\delta(\omega)\right]'=-\frac{1}{\omega^2}+\mathrm{j}\pi\delta'(\omega)$$

又由 $\mathscr{F}[1]=2\pi\delta(\omega)$，可得 $\mathscr{F}[t^n]=2\pi\mathrm{j}^n\delta^{(n)}(\omega)$.

六、积分性质

设 $F(\omega)=\mathscr{F}[f(t)]$，$\lim\limits_{t\to+\infty}\int_{-\infty}^{t}f(t)\mathrm{d}t=0$，即 $F(0)=0$，则

$$\mathscr{F}\left[\int_{-\infty}^{t}f(t)\mathrm{d}t\right]=\frac{1}{\mathrm{j}\omega}F(\omega)$$

证 设 $g(t)=\int_{-\infty}^{t}f(t)\mathrm{d}t$，则 $g'(t)=f(t)$，由微分性质得

$$F(\omega)=\mathscr{F}[f(t)]=\mathscr{F}[g'(t)]=\mathrm{j}\omega\mathscr{F}[g(t)]$$

即

$$\mathscr{F}\left[\int_{-\infty}^{t}f(t)\mathrm{d}t\right]=\frac{1}{\mathrm{j}\omega}F(\omega)$$

一般，有

$$\mathscr{F}\left[\int_{-\infty}^{t}f(t)\mathrm{d}t\right]=\frac{1}{\mathrm{j}\omega}F(\omega)+\pi F(0)\delta(\omega)$$

七、能量积分

设 $F(\omega)=\mathscr{F}[f(t)]$，则有

$$\int_{-\infty}^{+\infty}f^2(t)\mathrm{d}t=\frac{1}{2\pi}\int_{-\infty}^{+\infty}|F(\omega)|^2\mathrm{d}\omega$$

这一等式又称为帕塞瓦尔（Parseval）等式，其中 $|F(\omega)|^2$ 称为能量密度函数（或称能量谱密度）.

证 由 $F(\omega)=\mathscr{F}[f(t)]=\int_{-\infty}^{+\infty}f(t)\mathrm{e}^{-\mathrm{j}\omega t}\mathrm{d}t$，有

$$\overline{F(\omega)}=\int_{-\infty}^{+\infty}f(t)\mathrm{e}^{\mathrm{j}\omega t}\mathrm{d}t$$

所以

$$\begin{aligned}\frac{1}{2\pi}\int_{-\infty}^{+\infty}|F(\omega)|^2\mathrm{d}\omega&=\frac{1}{2\pi}\int_{-\infty}^{+\infty}F(\omega)\overline{F(\omega)}\mathrm{d}\omega\\&=\frac{1}{2\pi}\int_{-\infty}^{+\infty}F(\omega)\int_{-\infty}^{+\infty}f(t)\mathrm{e}^{\mathrm{j}\omega t}\mathrm{d}t\mathrm{d}\omega\\&=\frac{1}{2\pi}\int_{-\infty}^{+\infty}f(t)[\frac{1}{2\pi}\int_{-\infty}^{+\infty}F(\omega)\mathrm{e}^{\mathrm{j}\omega t}\mathrm{d}\omega]\mathrm{d}t\end{aligned}$$

$$=\int_{-\infty}^{+\infty} f^2(t)\,\mathrm{d}t$$

帕塞瓦尔等式除了给出构成傅氏变换对的两个函数之间的一个重要关系外，还可用来计算较为复杂的积分.

例 6　求积分 $\int_0^{+\infty} \frac{\sin^2\omega}{\omega^2}\mathrm{d}\omega$ 的值.

解　由本章第一节例 1 可知矩形脉冲函数

$$f(t)=\begin{cases}1, & |t|\leqslant 1\\ 0, & |t|>1\end{cases}$$

的傅氏变换为 $F(\omega)=\frac{2\sin\omega}{\omega}$，由帕塞瓦尔等式得

$$\int_{-\infty}^{+\infty}\left(\frac{2\sin\omega}{\omega}\right)^2\mathrm{d}\omega=2\pi\int_{-1}^{1}1^2\,\mathrm{d}t=4\pi$$

由于被积函数为偶函数，故

$$\int_0^{+\infty}\frac{\sin^2\omega}{\omega^2}\mathrm{d}\omega=\frac{\pi}{2}$$

第三节　卷　　积

卷积是由含参变量的反常积分定义的函数，与傅氏变换有着密切联系，它的运算性质使得傅氏变换得到更广泛的应用.

一、卷积的基本概念

定义　若已知函数 $f_1(t),f_2(t)$ 在（$-\infty$，$+\infty$）内有定义，则积分

$$\int_{-\infty}^{+\infty} f_1(\tau)f_2(t-\tau)\,\mathrm{d}\tau$$

称为函数 $f_1(t)$ 与 $f_2(t)$ 的卷积，记为 $f_1(t)*f_2(t)$. 即

$$f_1(t)*f_2(t)=\int_{-\infty}^{+\infty} f_1(\tau)f_2(t-\tau)\,\mathrm{d}\tau$$

容易验证，卷积满足下列运算律.

交换律：$f_1(t)*f_2(t)=f_2(t)*f_1(t)$

结合律：$f_1(t)*[f_2(t)*f_3(t)]=[f_1(t)*f_2(t)]*f_3(t)$

分配律：$f_1(t)*[f_2(t)+f_3(t)]=f_1(t)*f_3(t)+f_1(t)*f_3(t)$

例 1　已知 $f(t)=\begin{cases}\mathrm{e}^{-t}, & t\geqslant 0\\ 0, & t<0\end{cases}$，$g(t)=\begin{cases}\mathrm{e}^{-2t}, & t\geqslant 0\\ 0, & t<0\end{cases}$，求卷积 $f(t)*g(t)$.

解　由定义有

$$f(t)*g(t)=\int_{-\infty}^{+\infty} f(\tau)g(t-\tau)\,\mathrm{d}\tau$$

由图 7-2 可以看出，

当 $t<0$ 时，$f(\tau)=0$，从而 $f(t)*g(t)=0$；

当 $t\geqslant 0$ 时，$f(\tau)g(t-\tau)\neq 0$ 的区间为 $[0,\ t]$，所以

$$f(t)*g(t)=\int_{-\infty}^{+\infty} f(\tau)g(t-\tau)\,\mathrm{d}\tau$$

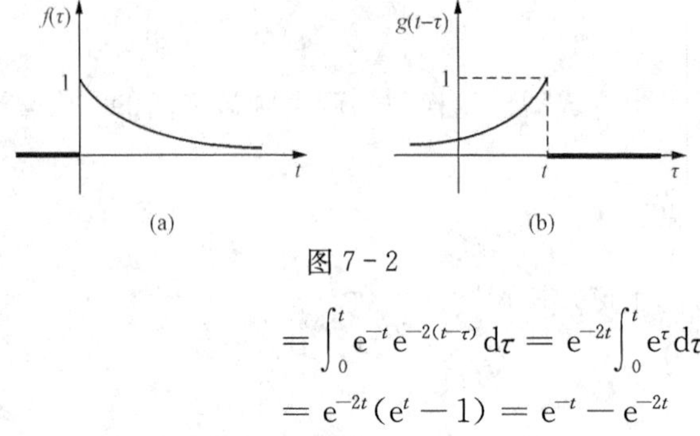

图 7 - 2

$$= \int_0^t e^{-\tau} e^{-2(t-\tau)} d\tau = e^{-2t} \int_0^t e^{\tau} d\tau$$

$$= e^{-2t}(e^t - 1) = e^{-t} - e^{-2t}$$

综合得

$$f(t) * g(t) = \begin{cases} e^{-t} - e^{-2t}, & t \geqslant 0 \\ 0, & t < 0 \end{cases}$$

例 2 求下列函数的卷积.

$$f(t) = t^2 u(t), g(t) = \begin{cases} 1, & |t| \leqslant 1 \\ 0, & |t| > 1 \end{cases}$$

解 由定义有

$$f(t) * g(t) = \int_{-\infty}^{+\infty} f(\tau) g(t-\tau) d\tau = \int_{-\infty}^{+\infty} g(\tau) f(t-\tau) d\tau$$

由图 7 - 3 可以看出，

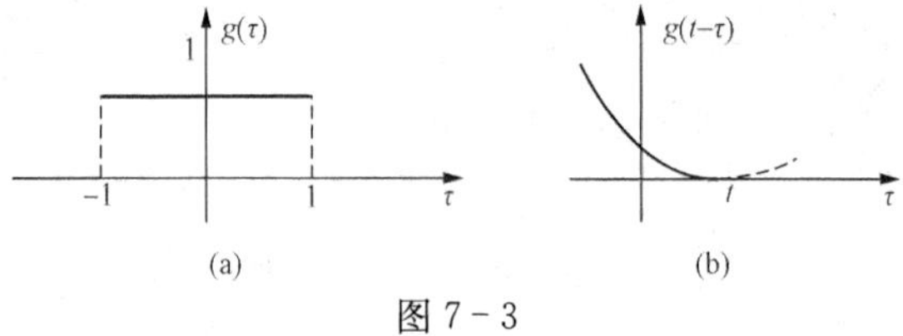

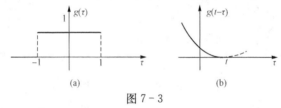

图 7 - 3

当 $t < -1$ 时，$g(\tau) = 0$，从而 $f(t) * g(t) = 0$；

当 $-1 \leqslant t \leqslant 1$ 时，$f(t) * g(t) = \int_{-1}^{t} 1 \cdot (t-\tau)^2 d\tau = \frac{1}{3}(t+1)^3$；

当 $t > 1$ 时，$f(t) * g(t) = \int_{-1}^{1} 1 \cdot (t-\tau)^2 d\tau = \frac{1}{3}(6t^2 + 2)$.

综合得

$$f(t) * g(t) = \begin{cases} 0, & t < -1 \\ (t+1)^2/3, & -1 \leqslant t \leqslant 1 \\ (6t^2+2)/3, & t > 1 \end{cases}$$

由以上两例可以看出，计算卷积时，关键是确定被积函数不等于零的区间. 除利用图形分析外，还可利用不等式. 如在例 2 中，要使 $g(\tau) f(t-\tau) \neq 0$，则

$$\begin{cases} |\tau| \leqslant 1 \\ t - \tau > 0 \end{cases} \Rightarrow \begin{cases} -1 \leqslant \tau \leqslant 1 \\ \tau < t \end{cases}$$

从而当 $t < -1$ 时，$f(t) * g(t) = 0$；

当 $-1 \leqslant t \leqslant 1$ 时，$f(t) * g(t) = \int_{-1}^{t} 1 \cdot (t-\tau)^2 d\tau = \frac{1}{3}(t+1)^3$；

当 $t > 1$ 时，$f(t) * g(t) = \int_{-1}^{1} 1 \cdot (t-\tau)^2 d\tau = \frac{1}{3}(6t^2 + 2)$.

得到与上面相同的结果.

二、卷积定理

定理 设 $F_1(\omega)=\mathscr{F}[f_1(t)]$, $F_2(\omega)=\mathscr{F}[f_2(t)]$，则有

$$\mathscr{F}[f_1(t)*f_2(t)]=F_1(\omega)\cdot F_2(\omega)$$

$$\mathscr{F}[f_1(t)\cdot f_2(t)]=\frac{1}{2\pi}F_1(\omega)*F_2(\omega)$$

证 由卷积与傅氏变换定义有

$$\begin{aligned}\mathscr{F}[f_1(t)*f_2(t)]&=\int_{-\infty}^{+\infty}f_1(t)*f_2(t)\mathrm{e}^{-\mathrm{j}\omega t}\mathrm{d}t\\&=\int_{-\infty}^{+\infty}\left[\int_{-\infty}^{+\infty}f_1(\tau)f_2(t-\tau)\mathrm{d}\tau\right]\mathrm{e}^{-\mathrm{j}\omega t}\mathrm{d}t\\&=\int_{-\infty}^{+\infty}f_1(\tau)\left[\int_{-\infty}^{+\infty}f_2(t-\tau)\mathrm{e}^{-\mathrm{j}\omega t}\mathrm{d}t\right]\mathrm{d}\tau\\&=\int_{-\infty}^{+\infty}f_1(\tau)\mathrm{e}^{-\mathrm{j}\omega\tau}\left[\int_{-\infty}^{+\infty}f_2(t-\tau)\mathrm{e}^{-\mathrm{j}\omega(t-\tau)}\mathrm{d}t\right]\mathrm{d}\tau\\&=F_1(\omega)\cdot F_2(\omega)\end{aligned}$$

卷积虽然不总是很容易计算，但是卷积定理提供了卷积计算的简便方法，即化卷积运算为乘积运算，这就使得卷积在线性系统分析中成为特别有用的方法.

最后我们讨论两个特殊的卷积.

设函数 $f(t)$ 在 $(-\infty, +\infty)$ 上有定义，则

$$\delta(t)*f(t)=\int_{-\infty}^{+\infty}\delta(\tau)f(t-\tau)\mathrm{d}\tau=f(t-\tau)\big|_{\tau=0}=f(t)$$

因此，δ 函数在卷积运算中起着类似数的乘法运算中的 1 的作用.

对于单位阶跃函数 $u(t)=\begin{cases}1, & t>0\\0, & t<0\end{cases}$，则 $u(t-\tau)=\begin{cases}1, & \tau<t\\0, & \tau>t\end{cases}$，从而

$$f(t)*u(t)=\int_{-\infty}^{+\infty}f(\tau)u(t-\tau)\mathrm{d}\tau=\int_{-\infty}^{t}f(\tau)\mathrm{d}\tau$$

例 3 设 $\mathscr{F}[f(t)]=F(\omega)$，证明

$$\mathscr{F}\left[\int_{-\infty}^{t}f(t)\mathrm{d}t\right]=\frac{F(\omega)}{\mathrm{j}\omega}+\pi F(0)\delta(\omega)$$

证 $\mathscr{F}\left[\int_{-\infty}^{t}f(t)\mathrm{d}t\right]=\mathscr{F}[f(t)*u(t)]=\mathscr{F}[f(t)]\cdot\mathscr{F}[u(t)]$

$$=F(\omega)\left(\frac{1}{\mathrm{j}\omega}+\pi\delta(\omega)\right)=\frac{F(\omega)}{\mathrm{j}\omega}+\pi F(0)\delta(\omega)$$

此结论为傅氏变换积分性质的推广形式.

第四节 傅里叶变换的应用

傅里叶变换在数学领域和工程技术方面都有着广泛的应用，在这里我们只简单介绍一下系统分析的频谱理论. 随着无线电技术、声学的蓬勃发展，频谱理论也相应得到了发展，通过对频谱的分析，可以了解周期函数和非周期函数的一些性质.

我们已经知道，如果 $f(t)$ 是以 T 为周期的周期函数，且满足狄利克雷条件就可展成傅

里叶级数

$$f(t) \sim \frac{a_0}{2}+\sum_{n=1}^{+\infty}(a_n\cos\omega_n t+b_n\sin\omega_n t)$$

其中 $\omega_n = n\omega_0 = \frac{2n\pi}{T}$.

我们将 $a_n\cos\omega_n t + b_n\sin\omega_n t = A_n\sin(\omega_n t+\varphi_n)$ 称为 $f(t)$ 的第 n 次谐波，ω_n 称为第 n 次谐波的频率，$\varphi_n = \arctan\frac{a_n}{b_n}$ 称为初相，$\sqrt{a_n^2+b_n^2}$ 称为频率是 ω_n 的第 n 谐波的振幅，记为 A_n，即 $A_n = \sqrt{a_n^2+b_n^2}\quad(n=1,2,\cdots)$，$A_0 = \frac{a_0}{2}$ 称为 $f(t)$ 的直流分量.

若 $f(t)$ 的傅里叶级数表示为复数形式，即

$$f(t) \sim \sum_{n=-\infty}^{+\infty} C_n e^{j\omega_n t}$$

其中

$$C_0 = \frac{a_0}{2}, C_n = \frac{a_n - jb_n}{2},\quad C_{-n} = \frac{a_n+jb_n}{2}\quad(n=1,2,\cdots)$$

并且

$$|C_n| = |C_{-n}| = \frac{1}{2}A_n = \frac{1}{2}\sqrt{a_n^2+b_n^2}$$

所以，以 T 为周期的周期函数 $f(t)$ 的第 n 次谐波的振幅为 $A_n = 2|C_n|$（n=0，1，2，…），它描述了各次谐波的振幅随频率变化的分布情况. 所谓频谱图是指频率和振幅的关系图，即用横坐标表示频率 ω_n，纵坐标表示振幅 A_n，把点 (ω_n, A_n) 用图形表示出来，这样的图形称为频谱图，所以 A_n 称为 $f(t)$ 的振幅频谱（简称频谱）. 由于 n=0，1，2，…，所以频谱 A_n 的图形是不连续的，称之为离散频谱［见图 7－4（a)］. 类似地，还可以画出各分量的相位 φ_n 对频率 ω_n 的线图，这种图称为相位谱［见图 7－4（b)］.

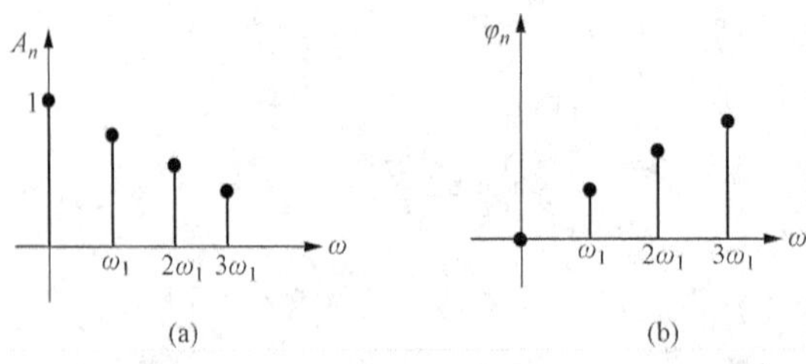

图 7－4

对于非周期函数 $f(t)$，当它满足傅里叶积分定理中的条件时，$f(t)$ 的傅里叶变换 $F(\omega)$ 称为 $f(t)$ 的频谱函数，而频谱函数的模 $|F(\omega)|$ 称为 $f(t)$ 的振幅频谱（简称频谱）. 由于 $|F(\omega)|$ 是 ω 的连续函数，我们称之为连续频谱. $\arg F(\omega)$ 称为相位谱.

可以证明，频谱 $|F(\omega)|$ 是频率 ω 的偶函数，在作频谱图时，只要作出（0，$+\infty$）上的图形，根据对称性即可得到（$-\infty$，0）上的图形.

例如，我们可以作出单位阶跃函数与单位脉冲函数与的频谱图（见图 7－5).

例 1 作出下图所示的单个矩形脉冲［见图 7－6（a)］的频谱图.

解 单个矩形脉冲的频谱函数为

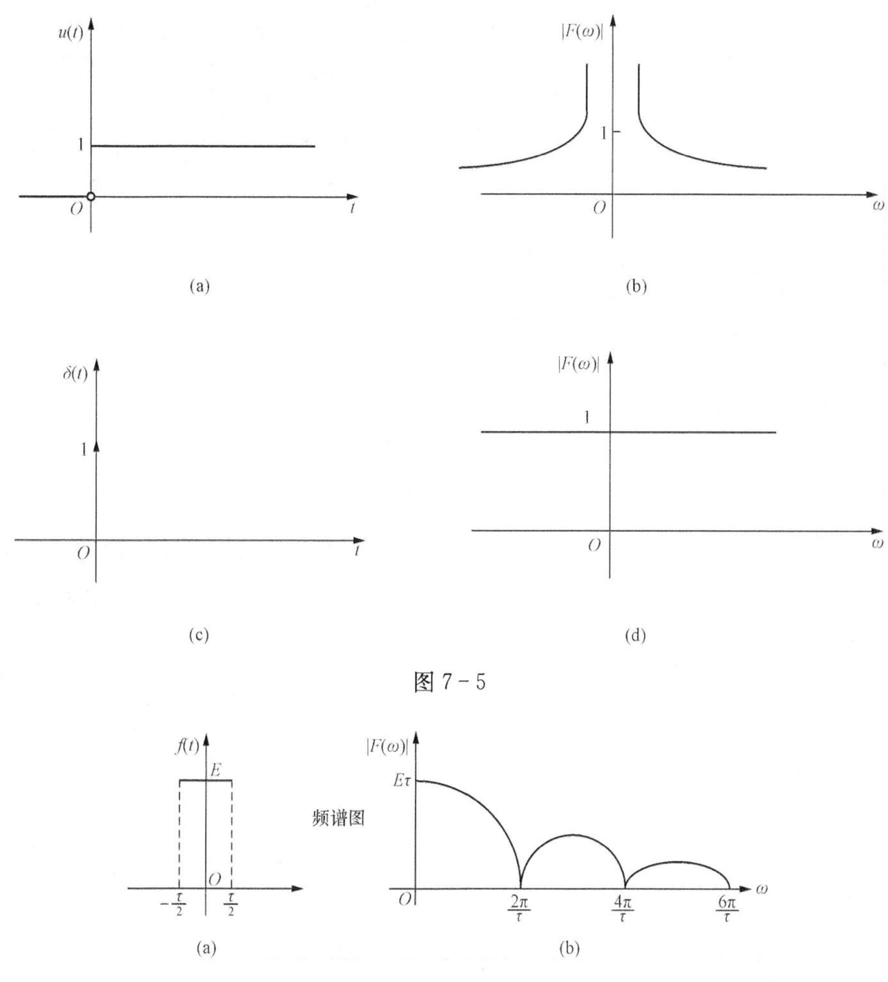

图 7－5

图 7－6

$$F(\omega)=\int_{-\infty}^{+\infty}f(t)\mathrm{e}^{-\mathrm{i}\omega t}\mathrm{d}t=\int_{-\tau/2}^{\tau/2}E\mathrm{e}^{-\mathrm{i}\omega t}\mathrm{d}t=\frac{2E}{\omega}\sin\frac{\omega\tau}{2}$$

频谱图如图 7－6（b）所示．注意$|F(\omega)|$是偶函数，这里只画出了 $\omega\geqslant 0$ 的部分.

例 2 求单边指数衰减函数 $f(t)=\begin{cases}\mathrm{e}^{-\alpha t}, & t\geqslant 0\\ 0, & t<0\end{cases}$ $(\alpha>0)$ 的频谱图.

解 第一节中，我们已经求得到 $F(\omega)=\mathscr{F}[f(t)]=\dfrac{a-\mathrm{j}\omega}{\alpha^2+\omega^2}$，振幅谱为 $|F(\omega)|=\dfrac{1}{\sqrt{\alpha^2+\omega^2}}$，相位谱为 $\arg F(\omega)=-\arctan\left(\dfrac{\omega}{\alpha}\right)$，如图 7－7 所示.

最后我们讨论一下周期函数的傅氏变换.

设 $f(t)$ 是以 T 为周期的函数，则按傅氏级数展开式有

$$f(t)=\sum_{n=-\infty}^{+\infty}C_n\mathrm{e}^{\mathrm{j}n\omega_0 t}$$

其中 $C_n=\dfrac{1}{T}\displaystyle\int_{-T/2}^{T/2}f_T(t)\mathrm{e}^{-\mathrm{j}n\omega_0 t}\mathrm{d}t\quad(n=0,\pm1,\pm2,\cdots)$

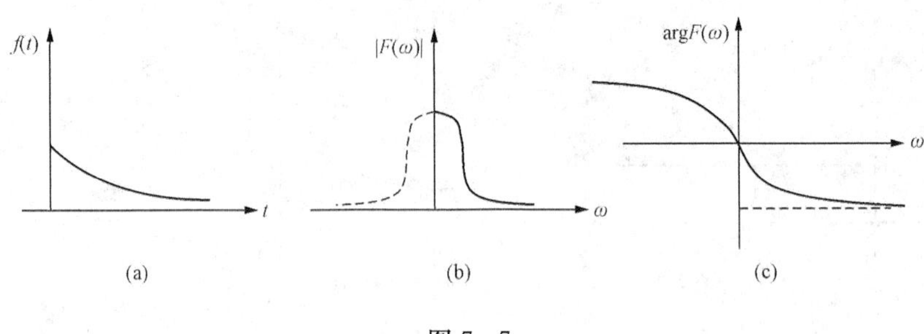

图 7-7

因此

$$\mathscr{F}[f(t)]=\int_{-\infty}^{+\infty}f(t)\mathrm{e}^{-\mathrm{j}\omega t}\mathrm{d}t=\sum_{n=-\infty}^{+\infty}C_n\int_{-\infty}^{+\infty}\mathrm{e}^{\mathrm{j}n\omega_0 t}\mathrm{e}^{-\mathrm{j}\omega t}\mathrm{d}t$$
$$=2\pi\sum_{n=-\infty}^{+\infty}C_n\delta(\omega-n\omega_0)$$

上式说明周期信号 $f(t)$ 的傅里叶变换是由一些单位脉冲函数组成的，这些脉冲位于信号的谐频（0，$\pm\omega_1$，$\pm2\omega_1$，…）处，每个脉冲的强度等于 $f(t)$ 的傅氏级数的相应系数 C_n 的 2π 倍. 即

$$\mathscr{F}[f(t)]=2\pi\sum_{n=-\infty}^{+\infty}C_n\delta(\omega-n\omega_0)$$

习　题　七

1. 填空题

(1) 设 $f(t)=\begin{cases}0, & t<0\\ \mathrm{e}^{-\beta t}, & t\geqslant 0\ (\beta>0)\end{cases}$，则 $\mathscr{F}[f(t)]=$____________.

(2) $\mathscr{F}[1]=$____________.

(3) 设 $\mathscr{F}[f(t)]=\dfrac{1}{2+\mathrm{j}\omega}$，则 $f(t)=$____________.

(4) 设 $f(t)=\sin^2 t$，则 $\mathscr{F}[f(t)]$____________.

(5) 设 $\mathscr{F}[f(t)]=F(\omega)$，$t_0$ 为实常数，则 $\mathscr{F}[f(t-t_0)]=$____________.

(6) 设 $\mathscr{F}[f(t)]=F(\omega)$，则 $\mathscr{F}[(t+5)f(t)]=$____________.

(7) 设 $\mathscr{F}[f(t)]=F(\omega)$，则 $f(1-t)$ 的傅氏变换 $\mathscr{F}[f(1-t)]=$____________.

(8) $\mathscr{F}[f(t)]=F(\omega)$，则 $\mathscr{F}\left[\int_{-\infty}^{t}f(\tau)\mathrm{d}\tau\right]=$____________.

(9) 已知 $f(t)=|t|$，且 $\mathscr{F}[f(t)]=-\dfrac{2}{\omega^2}$，则 $\mathscr{F}^{-1}\left[-\dfrac{2}{(\omega-2)^2}\right]=$____________.

(10) 设 $u(t)$ 为单位阶跃函数，则 $\mathscr{F}[u(t)\cos 3t]=$____________.

2. 单项选择题

(1) 下列变换中，正确的是（　　）.

(A) $\mathscr{F}[\delta(t)]=1$　　(B) $\mathscr{F}^{-1}[\delta(\omega)]=1$

(C) $\mathscr{F}[1]=\delta(\omega)$　　(D) $\mathscr{F}^{-1}[1]=u(t)$

(2) 设 $\mathscr{F}[f(t)]=F(\omega)$，则 $\mathscr{F}[(t-2)f(t)]=$（　　）.

(A) $F'(\omega)-2F(\omega)$　　(B) $-F'(\omega)-2F(\omega)$

(C) $\mathrm{j}F'(\omega)-2F(\omega)$　　(D) $-\mathrm{j}F'(\omega)-2F(\omega)$

(3) 设 $\mathscr{F}[f(t)]=F(\omega)$，则 $\mathscr{F}[(2t-3)f(t)]=$（　　）.

(A) $2\mathrm{j}F'(\omega)-3F(\omega)$　　(B) $2\mathrm{j}F'(\omega)+3F(\omega)$

(C) $-2\mathrm{j}F'(\omega)+3F(\omega)$　　(D) $-2\mathrm{j}F'(\omega)-3F(\omega)$

(4) 设 $f(t)=\delta(2-t)+\mathrm{e}^{\mathrm{j}\omega_0 t}$，则 $\mathscr{F}[f(t)]=$（　　）.

(A) $\mathrm{e}^{-2\omega\mathrm{j}}+2\pi\delta(\omega-\omega_0)$　　(B) $\mathrm{e}^{2\omega\mathrm{j}}+2\pi\delta(\omega-\omega_0)$

(C) $\mathrm{e}^{-2\omega\mathrm{j}}+2\pi\delta(\omega+\omega_0)$　　(D) $\mathrm{e}^{2\omega\mathrm{j}}+2\pi\delta(\omega+\omega_0)$

(5) 设 $f(t)=\sin\omega_0 t$，则其傅氏变换 $\mathscr{F}[f(t)]=$（　　）.

(A) $[\delta(\omega+\omega_0)-\delta(\omega-\omega_0)]$

(B) $\mathrm{j}\pi[\delta(\omega+\omega_0)-\delta(\omega-\omega_0)]$

(C) $\pi[\delta(\omega+\omega_0)-\delta(\omega-\omega_0)]$

(D) $\mathrm{j}\pi[\delta(\omega+\omega_0)+\delta(\omega-\omega_0)]$

(6) 设 $f(t)=\cos\omega_0 t$，则其傅氏变换 $\mathscr{F}[f(t)]=$（　　）.

(A) $\pi[\delta(\omega+\omega_0)+\delta(\omega-\omega_0)]$

(B) $\pi[\delta(\omega+\omega_0)-\delta(\omega-\omega_0)]$

(C) $\mathrm{j}\pi[\delta(\omega+\omega_0)-\delta(\omega-\omega_0)]$

(D) $\mathrm{j}\pi[\delta(\omega+\omega_0)+\delta(\omega-\omega_0)]$

(7) 设 $f(t)=\delta(t-t_0)$，则 $\mathscr{F}[f(t)]=$（　　）.

(A) 1　　(B) 2π　　(C) $\mathrm{e}^{\mathrm{j}\omega t_0}$　　(D) $\mathrm{e}^{-\mathrm{j}\omega t_0}$

(8) $\mathscr{F}[f(t)]=F(\omega)$，则 $\mathscr{F}[f(-t)]=$（　　）.

(A) $F(\omega)$　　(B) $F(-\omega)$

(C) $-F(\omega)$　　(D) $-F(-\omega)$

3. 试证：若 $f(t)$ 满足傅氏积分定理的条件，则有

$$f(t)=\int_0^{+\infty}a(\omega)\cos\omega t\,\mathrm{d}\omega+\int_0^{+\infty}b(\omega)\sin\omega t\,\mathrm{d}\omega$$

其中

$$a(\omega)=\frac{1}{\pi}\int_{-\infty}^{+\infty}f(\tau)\cos\omega\tau\,\mathrm{d}\tau,b(\omega)=\frac{1}{\pi}\int_{-\infty}^{+\infty}f(\tau)\sin\omega\tau\,\mathrm{d}\tau$$

4. 求函数 $f(t)=\begin{cases}\mathrm{e}^{at}, & t<0\\ \mathrm{e}^{-at}, & t\geqslant 0\end{cases}$ 的傅氏变换及其傅氏积分表达式（其中 $a>0$）.

5. 求下列函数的傅氏变换.

(1) $f(t)=\begin{cases}A, & 0\leqslant t\leqslant\tau\\ 0, & \text{其他}\end{cases}$；　　(2) $f(t)=\begin{cases}-1, & -1<t<0\\ 1, & 0\leqslant t\leqslant 1\\ 0, & |t|>1\end{cases}$.

6. 求下列函数的傅氏变换，并求相应的积分.

(1) $f(t)=\begin{cases}2, & |t|\leqslant 1\\ 0, & |t|>1\end{cases}$，求积分 $\int_0^{+\infty}\frac{\sin\omega\cos\omega t}{\omega}\mathrm{d}\omega$；

(2) $f(t)=\begin{cases}\sin t, & |t|\leqslant\pi\\ 0, & |t|>\pi\end{cases}$，并求积分$\int_0^{+\infty}\frac{\sin\omega\pi\sin\omega t}{1-\omega^2}\mathrm{d}\omega$.

7. 求下列函数的傅氏变换.

(1) $f(t)=\frac{1}{2}\left[\delta(t+a)+\delta(t-a)+\delta\left(t+\frac{a}{2}\right)+\delta\left(t-\frac{a}{2}\right)\right]$；

(2) $f(t)=\delta(t-1)(t-2)^2\cos t$.

8. 利用傅氏变换的性质求下列函数的傅氏变换.

(1) $\operatorname{sgn}t=\begin{cases}-1, t<0\\ 1, t>0\end{cases}$；　(2) $f(t)=\sin\left(5t+\frac{\pi}{3}\right)$；　(3) $f(t)=t^2\sin t$；

(4) $f(t)=\sin\omega_0 t\cdot u(t)$；　(5) $f(t)=\mathrm{e}^{\mathrm{j}t}u(t-2)$.

9. 设 $f_1(t)=\begin{cases}0, & t<0\\ 1, & t\geqslant 0\end{cases}$，$f_2(t)=\begin{cases}0, & t<0\\ \mathrm{e}^{-t}, & t\geqslant 0\end{cases}$，求 $f_1(t)*f_2(t)$.

10. 已知 $f(t)=t^2u(t)$，$g(t)=\begin{cases}2, & 1\leqslant t\leqslant 2\\ 0, & \text{其他}\end{cases}$，求卷积 $f(t)*g(t)$.

11. 用 $f_1(t)=f_2(t)=f(t)$ 验证卷积定理，其中 $f(t)=\begin{cases}1, & |t|\leqslant 1\\ 0, & |t|>1\end{cases}$.

第八章　拉 普 拉 斯 变 换

拉普拉斯（Laplace）变换理论（又称为运算微积分，或称为算子微积分）是在19世纪末发展起来的. 首先是英国工程师亥维赛德（Heaviside）发明了用运算法解决当时电工计算中出现的一些问题，但是缺乏严密的数学论证. 后来由法国数学家拉普拉斯（Laplace）给出了严密的数学定义，称之为拉普拉斯变换方法. 拉普拉斯变换在理论物理、电学、光学、力学等众多的工程技术与科学领域中有着广泛的应用. 尤其是在电路理论中，至今人们也几乎无法把电路理论与拉普拉斯变法法分开来研究和讨论. 本章首先从傅里叶变换的定义出发，导出拉普拉斯变换的定义，并研究它的一些基本性质，然后给出其逆变换的反演积分公式，并得出像原函数的求法，最后介绍拉普拉斯变换的应用.

第一节　拉普拉斯变换的概念

由上一章可知，傅氏变换虽然有许多很好的性质，并且应用的范围也很广，但是可进行傅氏变换的函数应满足傅氏积分定理的两个条件：(1) 在 $(-\infty, +\infty)$ 上绝对可积，(2) 在任一有限区间上满足狄利克雷条件. 从而傅氏变换存在以下两个缺点.

(1) 要求进行变换的函数在 $(-\infty, +\infty)$ 上有定义，但是，在许多实际应用中，如物理、信息理论及无线电技术等问题多是出现以时间 t 为自变量的函数，对 $t<0$ 时是无意义的，或者根本就不需要考虑的，像这样的函数都不能进行傅氏变换.

(2) 条件 (1) 过强，许多函数，如单位阶跃函数 $u(t)$，t，$\sin t$，$\cos t$ 等都满足狄利克雷条件，但非绝对可积. 尽管引入 δ 函数后，在广义下对非绝对可积的函数进行了傅氏变换，但 δ 函数的使用很不方便.

因此傅氏变换的应用范围受到很大的限制，必须引入新的积分变换.

一、拉普拉斯变换的定义

为了克服上述缺点，要对函数 $f(t)$ 加以改造，即乘以因子 $u(t)\mathrm{e}^{-\beta t}(\beta>0)$. 因为 $u(t)$ 是单位阶跃函数，就有可能使像原函数 $f(t)$ 的定义域由 $(-\infty, +\infty)$ 转化为 $[0, +\infty)$. 又由于 $\mathrm{e}^{-\beta t}$ $(\beta>0)$ 是指数衰减函数，所以，就有可能使像原函数变为绝对可积的. 这样只要 β 选择适当，一般说来，这个函数的傅氏变换总是存在的. 根据傅氏变换理论有

$$\begin{aligned}\mathscr{F}[f(t)u(t)\mathrm{e}^{-\beta t}] &= \int_{-\infty}^{+\infty} f(t)u(t)\mathrm{e}^{-\beta t}\mathrm{e}^{-\mathrm{j}\omega t}\,\mathrm{d}t = \int_{0}^{+\infty} f(t)\mathrm{e}^{-\beta t}\mathrm{e}^{-\mathrm{j}\omega t}\,\mathrm{d}t \\ &= \int_{0}^{+\infty} f(t)\mathrm{e}^{-(\beta+\mathrm{j}\omega)t}\,\mathrm{d}t\end{aligned}$$

若令 $s=\beta+\mathrm{j}\omega$，上式即可简写为

$$F(s) = \int_{0}^{+\infty} f(t)\mathrm{e}^{-st}\,\mathrm{d}t$$

这是由实函数 $f(t)$ 通过一种新的变换得到的复变函数，是一种新的积分变换，称为拉普拉

斯变换.

定义 设实函数 $f(t)$ 当 $t\geqslant 0$ 时有定义，$s=\beta+\mathrm{j}\omega$ 为复变量，且积分

$$F(s)=\int_0^{+\infty} f(t)\mathrm{e}^{-st}\,\mathrm{d}t \tag{8-1}$$

对复平面上 s 的某一个域内收敛，则称 $F(s)$ 为 $f(t)$ 的拉普拉斯变换（简称拉氏变换）或像函数，记为

$$F(s)=\mathscr{L}[f(t)]$$

称 $f(t)$ 为 $F(s)$ 的拉氏逆变换或像原函数，记为

$$f(t)=\mathscr{L}^{-1}[F(s)]$$

由拉氏变换的定义，函数 $f(t)$ 的拉氏变换就是函数 $f(t)u(t)\mathrm{e}^{-\beta t}$ 的傅氏变换. 由于拉氏变换只用到了函数 $f(t)$ 在 $t\geqslant 0$ 的部分，为方便起见，在拉氏变换中所提到的函数一般均约定在 $t<0$ 时，$f(t)\equiv 0$. 换句话说，函数 $f(t)$ 等价于函数 $f(t)u(t)$.

在上述讨论中，衰减因子 $\mathrm{e}^{-\beta t}$ 的引入是个关键，从数学上看是将 $f(t)$ 乘以因子 $\mathrm{e}^{-\beta t}$，使之变为收敛函数，满足绝对可积的条件；从物理上看，是将频率 ω 变换为复频率 s，ω 只能描述震荡的重复频率，而 s 不仅能给出重复频率，还可以表示震荡幅度的增长速率或衰减速率.

例 1 分别求出单位阶跃函数 $u(t)$、符号函数 $\mathrm{sgn}t$ 以及函数 $f(t)=1$ 的拉氏变换.

解 由式（8-1）有

$$\mathscr{L}[u(t)]=\int_0^{+\infty}u(t)\mathrm{e}^{-st}\,\mathrm{d}t=\int_0^{+\infty}\mathrm{e}^{-st}\,\mathrm{d}t$$

因为 $|\mathrm{e}^{-st}|=|\mathrm{e}^{-(\mathrm{Re}s+\mathrm{iIm}s)t}|=|\mathrm{e}^{-t\mathrm{Re}s}\mathrm{e}^{-it\mathrm{Im}s}|=\mathrm{e}^{-t\mathrm{Re}s}$，因此这个积分在 $\mathrm{Re}s>0$ 时收敛. 而且有

$$\int_0^{+\infty}\mathrm{e}^{-st}\,\mathrm{d}t=-\frac{1}{s}\mathrm{e}^{-st}\Big|_0^{+\infty}=\frac{1}{s}$$

所以 $$\mathscr{L}[u(t)]=\frac{1}{s}\quad(\mathrm{Re}s>0).$$

同理

$$\mathscr{L}[\mathrm{sgn}t]=\int_0^{+\infty}(\mathrm{sgn}t)\mathrm{e}^{-st}\,\mathrm{d}t=\int_0^{+\infty}\mathrm{e}^{-st}\,\mathrm{d}t=\frac{1}{s}\quad(\mathrm{Re}s>0)$$

$$\mathscr{L}[1]=\int_0^{+\infty}1\cdot\mathrm{e}^{-st}\,\mathrm{d}t=\frac{1}{s}\quad(\mathrm{Re}s>0)$$

这三个函数的拉氏变换是相同的，是因为三个函数在 $t>0$ 时是相等的. 我们也可以约定：像函数 $F(s)=\dfrac{1}{s}$ $(\mathrm{Re}s>0)$ 的像原函数为 $f(t)=1$.

例 2 求拉氏变换 $\mathscr{L}[\mathrm{e}^{at}]$（$a$ 为复常数).

解 $\mathscr{L}[\mathrm{e}^{at}]=\displaystyle\int_0^{+\infty}\mathrm{e}^{at}\cdot\mathrm{e}^{-st}\,\mathrm{d}t=\int_0^{+\infty}\mathrm{e}^{-(s-a)t}\,\mathrm{d}t=\frac{1}{s-a}\quad(\mathrm{Re}s>a).$

二、拉氏变换的存在定理

从上面的例题可以看出，拉氏变换存在的条件比傅氏变换存在的条件弱得多，但是对一个函数作拉氏变换也还是要具备一些条件的. 那么，一个函数究竟满足什么条件时，它的拉氏变换一定存在呢?

定理 （拉氏变换存在定理）设函数 $f(t)$ 满足下列条件

(1) 函数 $f(t)$ 在 $t\geqslant 0$ 的任何有限区间上分段连续；

(2) 当 $t\to+\infty$时，$f(t)$ 的增长是指数级的，即存在常数 $M>0$ 及 $c\geqslant 0$，使得

$$|f(t)|\leqslant Me^{ct}\quad(0\leqslant t<+\infty)$$

(其中 c 称为 $f(t)$ 的增长指数)，则像函数 $F(s)$ 在半平面 $\mathrm{Re}s>c$ 上一定存在，且是解析的.

证 $s=\beta+\mathrm{j}\omega$，则$|\mathrm{e}^{-st}|=\mathrm{e}^{-\beta t}$，由条件 (2) 得

$$\left|\int_0^{+\infty}f(t)\mathrm{e}^{-st}\mathrm{d}t\right|\leqslant M\int_0^{+\infty}\mathrm{e}^{-(\beta-c)t}\mathrm{d}t$$

当 $\beta=\mathrm{Re}s>c$ 时，右侧积分收敛，因此 $F(s)=\int_0^{+\infty}f(t)\mathrm{e}^{-st}\mathrm{d}t$ 在半平面 $\mathrm{Re}s>c$ 上一定存在. 关于 $F(s)$ 解析性的证明略.

需要注意的是，这个定理的条件是充分的，物理学和工程技术中常见的函数大多满足这两个条件. “函数的增长是指数级的”和“函数绝对可积”这两个条件相比，前者的条件弱很多. $u(t)$，$\cos kt$，t^m 等函数都不满足傅氏积分定理中绝对可积的条件，但它们都能满足拉氏变换存在定理中的条件 (2)，如

$$u(t)\leqslant 1\cdot\mathrm{e}^{0\cdot t}\text{，此处 }M=1,c=0,M=1,s_0=0$$

$$|\cos kt|\leqslant 1\cdot\mathrm{e}^{0\cdot t}\text{，此处 }M=1,c=0$$

$$|t^m|\leqslant m!\mathrm{e}^t\text{，此处 }M=m!(m=1,2,\cdots),c=1$$

由此可见，对于某些问题（如在线性系统分析中）拉氏变换的应用就更为广泛了.

由拉氏变换存在定理，像函数 $F(s)$ 通常仅在复平面 s 上的某个区域内存在，称此区域为存在域，它一般是一个右半平面. 在今后的解题中，存在域 $\mathrm{Re}s>c$ 一般可以不写.

还要指出，满足拉氏变换存在定理条件的函数 $f(t)$ 在 $t=0$ 处为有界时，积分

$$\mathscr{L}[f(t)]=\int_0^{+\infty}f(t)\mathrm{e}^{-st}\mathrm{d}t$$

中的下限取 0^+ 或 0^- 不会影响其结果. 但当 $f(t)$ 在 $t=0$ 处包含了 δ 函数时，则拉氏变换的积分下限必须明确指出时 0^+ 还是 0^-. 在电路上 0^+ 表示换路后初始时刻，0^- 表示换路前终止时刻. 本书约定，积分下限取 0^-，即

$$\mathscr{L}[f(t)]=\int_{0^-}^{+\infty}f(t)\mathrm{e}^{-st}\mathrm{d}t$$

为书写方便，仍写为以前的形式.

例 3 求单位脉冲函数 $\delta(t)$ 的拉氏变换.

解 根据上面的约定及 δ 函数的筛选性质有

$$\mathscr{L}[\delta(t)]=\int_0^{+\infty}\delta(t)\cdot\mathrm{e}^{-st}\mathrm{d}t=\int_{0^-}^{+\infty}\delta(t)\mathrm{e}^{-st}\mathrm{d}t$$

$$=\int_{-\infty}^{+\infty}\delta(t)\mathrm{e}^{-st}\mathrm{d}t=\mathrm{e}^{-st}\big|_{t=0}=1$$

例 4 求函数 $f(t)=t$ 拉氏变换.

解 $\mathscr{L}[t]=\int_0^{+\infty}t\cdot\mathrm{e}^{-st}\mathrm{d}t=-\frac{1}{s}\int_0^{+\infty}t\mathrm{d}(\mathrm{e}^{-st})=-\frac{1}{s}t\mathrm{e}^{-st}\Big|_0^{+\infty}+\frac{1}{s}\int_0^{+\infty}\mathrm{e}^{-st}\mathrm{d}t$

$$=\frac{1}{s}\int_0^{+\infty}\mathrm{e}^{-st}\mathrm{d}t=\frac{1}{s^2}$$

例 5 设 $f(t)$ 是 $[0,+\infty)$ 内以 T 为周期的函数，且 $f(t)$ 在一个周期内分段连续，证明

$$\mathscr{L}[f(t)]=\frac{1}{1-\mathrm{e}^{-sT}}\int_0^T f(t)\mathrm{e}^{-st}\,\mathrm{d}t$$

证 由定义有

$$\mathscr{L}[f(t)]=\int_0^{+\infty}f(t)\mathrm{e}^{-st}\,\mathrm{d}t=\int_0^T f(t)\mathrm{e}^{-st}\,\mathrm{d}t+\int_T^{+\infty}f(t)\mathrm{e}^{-st}\,\mathrm{d}t$$

对上式右端第二个积分作变量代换 $t_1=t-T$，且由 $f(t)$ 的周期性，有

$$\begin{aligned}\mathscr{L}[f(t)]&=\int_0^T f(t)\mathrm{e}^{-st}\,\mathrm{d}t+\int_0^{+\infty}f(t_1)\mathrm{e}^{-st_1}\mathrm{e}^{-sT}\,\mathrm{d}t_1\\&=\int_0^T f(t)\mathrm{e}^{-st}\,\mathrm{d}t+\mathrm{e}^{-sT}\mathscr{L}[f(t)]\end{aligned}$$

故有

$$\mathscr{L}[f(t)]=\frac{1}{1-\mathrm{e}^{-sT}}\int_0^T f(t)\mathrm{e}^{-st}\,\mathrm{d}t$$

例 6 求全波整流后的正弦波 $f(t)=|\sin\omega t|$ 的拉氏变换.

解 $f(t)$ 周期为 $T=\frac{\pi}{\omega}$，故有

$$\begin{aligned}\mathscr{L}[f(t)]&=\frac{1}{1-\mathrm{e}^{-sT}}\int_0^T \mathrm{e}^{-st}\sin\omega t\,\mathrm{d}t\\&=\frac{1}{1-\mathrm{e}^{-sT}}\left.\frac{\mathrm{e}^{-st}(-s\sin\omega t-\omega\cos\omega t)}{s^2+\omega^2}\right|_0^T\\&=\frac{\omega}{s^2+\omega^2}\cdot\frac{1+\mathrm{e}^{-sT}}{1-\mathrm{e}^{-sT}}\end{aligned}$$

第二节 拉普拉斯变换的性质

本节将介绍拉氏变换在实际应用中极为重要的一些基本性质. 虽然由拉氏变换的定义，可以求得一些常见函数的拉氏变换，但在实际应用中常常不去作这一积分运算，而是利用拉氏变换的一些基本性质使得许多复杂计算简单化. 为方便起见，假定在这些性质中，凡是要求拉氏变换的函数都满足拉氏变换存在定理中的条件，在证明性质时不再重述这些条件.

一、线性性质

设 $\mathscr{L}[f_1(t)]=F_1(s)$，$\mathscr{L}[f_2(t)]=F_2(s)$，$\alpha$，$\beta$ 是常数，则有

$$\mathscr{L}[\alpha f_1(t)+\beta f_2(t)]=\alpha F_1(s)+\beta F_2(s)$$

$$\mathscr{L}^{-1}[\alpha F_1(s)+\beta F_2(s)]=\alpha f_1(t)+\beta f_2(t)$$

例 1 求 $f(t)=\cos at$ 的拉氏变换.

解 已知 $\cos at=\frac{1}{2}(\mathrm{e}^{\mathrm{j}at}+\mathrm{e}^{-\mathrm{j}at})$，$\mathscr{L}[\mathrm{e}^{\mathrm{j}at}]=\frac{1}{s-\mathrm{j}a}$，从而有

$$\begin{aligned}\mathscr{L}[\cos at]&=\frac{1}{2}\mathscr{L}[\mathrm{e}^{\mathrm{j}at}]+\frac{1}{2}\mathscr{L}[\mathrm{e}^{-\mathrm{j}at}]\\&=\frac{1}{2}\left[\frac{1}{s-\mathrm{j}a}+\frac{1}{s+\mathrm{j}a}\right]=\frac{s}{s+a^2}\end{aligned}$$

同理可得

$$\mathscr{L}[\sin at]=\frac{a}{s^2+a^2}$$

二、相似性质

设 $\mathscr{F}[f(t)]=F(s)$，且 $a>0$，则

$$\mathscr{L}[f(at)]=\frac{1}{a}F\left(\frac{s}{a}\right)$$

证 $\mathscr{L}[f(at)]=\int_0^{+\infty}f(at)\mathrm{e}^{-st}\mathrm{d}t\ \underline{\underline{令x=at}}\ \frac{1}{a}\int_0^{+\infty}f(x)\mathrm{e}^{-\left(\frac{1}{a}\right)x}\mathrm{d}x=\frac{1}{a}F\left(\frac{s}{a}\right)$

三、微分性质

1. 像原函数（时域函数）的导数

若 $\mathscr{L}[f(t)]=F(s)$，则有

$$\mathscr{L}[f'(t)]=sF(s)-f(0)$$

证
$$\mathscr{L}[f'(t)]=\int_0^{+\infty}f'(t)\mathrm{e}^{-st}\mathrm{d}t=f(t)\mathrm{e}^{-st}\Big|_0^{+\infty}-\int_0^{+\infty}f(t)(-s)\mathrm{e}^{-st}\mathrm{d}t$$
$$=s\mathscr{L}[f(t)]-f(0)$$

一般，有

$$\mathscr{L}[f^{(n)}(t)]=s^nF(s)-s^{n-1}f(0)-s^{n-2}f'(0)-\cdots-f^{(n-1)}(0)$$

特别地，当初值 $f(0)=f'(0)=\cdots=f^{(n-1)}(0)=0$ 时，有

$$\mathscr{L}[f'(t)]=sF(s),\ \mathscr{L}[f''(t)]=s^2F(s),\ \cdots,\ \mathscr{L}[f^{(n)}(t)]=s^nF(s)$$

此性质使我们有可能将 $f(t)$ 的微分方程转化为 $F(s)$ 的代数方程，因此，它对分析线性系统有着重要的作用.

例 2 求 $f(t)=t^m$ 的拉氏变换（其中 $m\geqslant 1$ 且为整数）.

解 显然，$f^{(m)}=m!$，且 $f(0)=f'(0)=\cdots=f^{(n-1)}(0)=0$，由微分性质

$$\mathscr{L}[f^{(m)}(t)]=s^m\mathscr{L}[f(t)],即$$

$$\mathscr{L}[t^m]=\frac{1}{s^m}\mathscr{L}[m!]=\frac{m!}{s^{m+1}}$$

2. 像函数（频域函数）的导数

设 $\mathscr{L}[f(t)]=F(s)$，则有

$$F'(s)=-\mathscr{L}[tf(t)]$$

一般，有 $F^{(n)}(s)=(-1)^n\mathscr{L}[t^nf(t)]$ 或 $\mathscr{L}[t^nf(t)]=(-1)^nF^{(n)}(s)$.

例 3 求函数 $f(t)=t\sin at$ 的拉氏变换.

解 已知 $\mathscr{L}[\sin at]=\frac{a}{s^2+a^2}$，所以

$$\mathscr{L}[t\sin at]=-\left(\frac{a}{s^2+a^2}\right)'=\frac{2as}{(s^2+a^2)^2}$$

四、积分性质

1. 像原函数的积分

设 $\mathscr{L}[f(t)]=F(s)$，则有

$$\mathscr{L}\left[\int_0^t f(t)\mathrm{d}t\right]=\frac{1}{s}F(s)$$

证 设 $g(t)=\int_0^t f(t)\mathrm{d}t$，则 $g'(t)=f(t)$ 且 $g(0)=0$，则

$$\mathscr{L}[g'(t)] = s\mathscr{L}[g(t)] - g(0)$$

即有

$$\mathscr{L}\left[\int_0^t f(t)\mathrm{d}t\right] = \frac{1}{s}F(s)$$

一般，有

$$\mathscr{L}\{\underbrace{\int_0^t \mathrm{d}t\int_0^t \mathrm{d}t\cdots\int_0^t}_{n\text{次}} f(t)\mathrm{d}t\} = \frac{1}{s^n}F(s)$$

2. 像函数的积分

设 $\mathscr{L}[f(t)] = F(s)$，则有

$$\int_s^{\infty} F(s)\mathrm{d}s = \mathscr{L}\left[\frac{f(t)}{t}\right]$$

证 $\int_s^{+\infty} F(s)\mathrm{d}s = \int_s^{+\infty}\left[\int_0^{+\infty} f(t)\mathrm{e}^{-st}\mathrm{d}t\right]\mathrm{d}s = \int_0^{+\infty} f(t)\left[\int_s^{+\infty}\mathrm{e}^{-st}\mathrm{d}s\right]\mathrm{d}t$

$$= \int_0^{+\infty} f(t)\cdot\left[-\frac{1}{t}\mathrm{e}^{-st}\right]\Big|_0^{+\infty}\mathrm{d}t = \int_0^{+\infty}\frac{f(t)}{t}\mathrm{e}^{-st}\mathrm{d}t = \mathscr{L}\left[\frac{f(t)}{t}\right]$$

一般，有

$$\mathscr{L}\left[\frac{f(t)}{t^n}\right] = \underbrace{\int_s^{\infty}\mathrm{d}s\int_s^{\infty}\mathrm{d}s\cdots\int_s^{\infty}}_{n\text{次}} F(s)\mathrm{d}s$$

例 4 已知 $f(t) = \dfrac{1-\mathrm{e}^{at}}{t}$，求 $\mathscr{L}[f(t)]$.

解 $\mathscr{L}[1-\mathrm{e}^{at}] = \dfrac{1}{s} - \dfrac{1}{s-a}$，由积分性质

$$\mathscr{L}[f(t)] = \mathscr{L}\left[\frac{1-\mathrm{e}^{at}}{t}\right] = \int_s^{\infty}\left(\frac{1}{s} - \frac{1}{s-a}\right)\mathrm{d}s$$

$$= \ln\frac{s}{s-a}\Big|_s^{\infty} = \ln\frac{s-a}{s}$$

例 5 已知 $f(t) = \int_0^t t\sin 2t\mathrm{d}t$，求 $\mathscr{L}[f(t)]$.

解 由 $\mathscr{L}[\sin 2t] = \dfrac{2}{s^2+4}$ 及微分性质有

$$\mathscr{L}[t\sin 2t] = -\left(\frac{2}{s^2+4}\right)' = \frac{4s}{(s^2+4)^2}$$

再由积分性质得

$$\mathscr{L}[f(t)] = \mathscr{L}\left[\int_0^t t\sin 2t\mathrm{d}t\right]$$

$$= \frac{1}{\mathrm{s}}\mathscr{L}[t\sin 2t] = \frac{4}{(s^2+4)^2}$$

五、延迟性质

设 $\mathscr{L}[f(t)] = F(s)$，又当 $t<0$ 时，$f(t)=0$，则对于任一非负实数 τ 有

$$\mathscr{L}[f(t-\tau)] = \mathrm{e}^{-s\tau}F(s) \text{ 或 } \mathscr{L}^{-1}[\mathrm{e}^{-s\tau}F(s)] = f(t-\tau)$$

证 由定义有

$$\mathscr{L}[f(t-\tau)]=\int_0^{+\infty} f(t-\tau)\mathrm{e}^{-st}\mathrm{d}t$$
$$=\int_\tau^{+\infty} f(t-\tau)\mathrm{e}^{-st}\mathrm{d}t$$

令 $t_1=t-\tau$，有

$$\mathscr{L}[f(t-\tau)]=\int_0^{+\infty} f(t)\mathrm{e}^{-s(t_1+\tau)}\mathrm{d}t_1=\mathrm{e}^{-s\tau}F(s)$$

函数 $f(t-\tau)$ 与 $f(t)$ 相比，$f(t)$ 是从 $t=0$ 开始有非零数值，而 $f(t-\tau)$ 是从 $t=\tau$ 开始才有非零值，即延迟了一个时间 τ.

这个性质表明，时间函数延迟 τ 的拉氏变换等于它的像函数乘以指数因子 $\mathrm{e}^{-s\tau}$.

说明：这个性质中要求当 $t<0$ 时，$f(t)=0$，又因为 $u(t)=\begin{cases}0,t<0\\1,t>0\end{cases}$，所以 $f(t)u(t)$ 可以满足这一要求. 因此完整写法应为

$$\mathscr{L}[f(t-\tau)u(t-\tau)]=\mathrm{e}^{-s\tau}F(s) \text{ 或 } \mathscr{L}^{-1}[\mathrm{e}^{-s\tau}F(s)]=f(t-\tau)u(t-\tau)$$

例 6　求函数 $u(t-\tau)=\begin{cases}0,\ t<\tau\\1,\ t\geqslant\tau\end{cases}$ 的拉氏变换.

解　已知 $\mathscr{L}[u(t)]=\dfrac{1}{s}$，根据延迟性质，有 $\mathscr{L}[u(t-\tau)]=\dfrac{1}{s}\mathrm{e}^{-s\tau}$.

例 7　求 $\mathscr{L}^{-1}\left[\dfrac{1}{s-1}\mathrm{e}^{-s}\right]$.

解　由 $\mathscr{L}^{-1}\left[\dfrac{1}{s-1}\right]=\mathrm{e}^t u(t)$，有

$$\mathscr{L}^{-1}\left[\frac{1}{s-1}\mathrm{e}^{-t}\right]=\mathrm{e}^{t-1}u(t-1)=\begin{cases}\mathrm{e}^{t-1}, & t>1\\0, & t<1\end{cases}$$

六、位移性质

设 $\mathscr{L}[f(t)]=F(s)$，则有

$$\mathscr{L}[\mathrm{e}^{at}f(t)]=F(s-a)\quad(\alpha\text{ 为一复常数})$$

证　由定义有

$$\mathscr{L}[\mathrm{e}^{at}f(t)]=\int_0^{+\infty}\mathrm{e}^{at}f(t)\mathrm{e}^{-st}\mathrm{d}t$$
$$=\int_0^{+\infty}f(t)\mathrm{e}^{-(s-a)t}\mathrm{d}t=F(s-a)$$

这个性质表明了一个像原函数乘以指数函数 e^{at} 的拉氏变换等于其像函数作位移 a.

例 8　求 $\mathscr{L}[\mathrm{e}^{at}t^m]$（其中 $m\geqslant1$ 且为整数）.

解　已知 $\mathscr{L}[t^m]=\dfrac{m!}{s^{m+1}}$，可得 $\mathscr{L}[\mathrm{e}^{at}t^m]=\dfrac{m!}{(s-a)^{m+1}}$.

例 9　求拉氏变换 $\mathscr{L}[\mathrm{e}^{3t}\cos2t]$.

解　由位移性质及 $\mathscr{L}[\cos2t]=\dfrac{s}{s^2+4}$，得 $\mathscr{L}[\mathrm{e}^{3t}\cos2t]=\dfrac{s-3}{(s-3)^2+4}$.

第三节　拉普拉斯逆变换

本节主要讨论已知像函数 $F(s)$，求它的像原函数 $f(t)$ 这样一个问题.

由拉氏变换的概念可知，函数 $f(t)$ 的拉氏变换，实际上就是 $f(t)u(t)e^{-\beta t}$ 的傅氏变换，于是当 $f(t)u(t)e^{-\beta t}$ 满足傅氏积分定理的条件时，按傅氏积分公式，在 $f(t)$ 的连续点处有

$$\begin{aligned} f(t)u(t)e^{-\beta t} &= \frac{1}{2\pi}\int_{-\infty}^{+\infty}\left[\int_{-\infty}^{+\infty} f(\tau)u(\tau)e^{-\beta\tau}e^{-j\omega\tau}d\tau\right]e^{j\omega t}d\omega \\ &= \frac{1}{2\pi}\int_{-\infty}^{+\infty}\left[\int_{-\infty}^{+\infty} f(\tau)u(\tau)e^{-(\beta+j\omega)\tau}\right]e^{j\omega t}d\omega \\ &= \frac{1}{2\pi}\int_{-\infty}^{+\infty} F(\beta+j\omega)e^{j\omega t}d\omega \end{aligned}$$

所以

$$f(t) = \frac{1}{2\pi}\int_{-\infty}^{+\infty} F(\beta+j\omega)e^{(\beta+j\omega)t}d\omega(t>0)$$

$$\underline{\underline{s=\beta+j\omega}}\ \frac{1}{2\pi j}\int_{\beta-j\infty}^{\beta+j\infty} F(s)e^{st}ds$$

这就是从像函数 $F(s)$ 求它的像原函数 $f(t)$ 的一般公式. 右端的积分称为拉氏反演积分，它是一个复变函数的积分；积分路径是 s 平面上平行于虚轴的直线 $\mathrm{Re}s=\beta$. 而积分路线中的实部 β 满足的条件就是函数 $f(t)u(t)e^{-\beta t}$ 由 0 到正无穷的积分必须收敛.

计算复变函数的积分通常比较困难，但当 $F(s)$ 满足一定条件时，可以用留数方法来计算这个反演积分，特别当 $F(s)$ 为有理函数时更为简单. 下面的定理将提供计算这种反演积分的方法.

定理 设 $F(s)$ 在半平面 $\mathrm{Re}s\leqslant\beta$ 内除有限个孤立奇点 s_1，s_2，…，s_n 外是解析的，且当 $s\to\infty$时，$F(s)\to 0$，则有

$$\frac{1}{2\pi j}\int_{\beta-j\infty}^{\beta+j\infty} F(s)e^{st}ds = \sum_{k=1}^{n}\mathrm{Res}[F(s)e^{st},s_k]$$

即

$$f(t) = \sum_{k=1}^{n}\mathrm{Res}[F(s)e^{st},s_k]$$

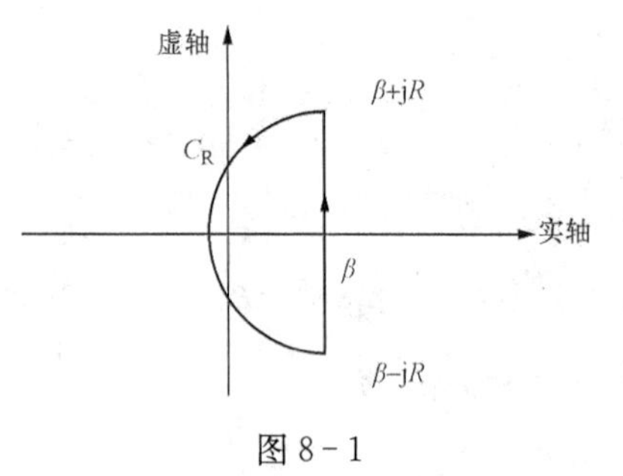

图 8-1

证 作如图 8-1 所示的闭曲线 $C=L+C_R$，C_R 在 $\mathrm{Re}s<\beta$ 的区域内是半径为 R 的圆弧. 当 R 充分大后，可使 $F(s)$ 的所有奇点包含在闭曲线 C 围成的区域内. 同时，e^{st} 在全平面解析，所以 $F(s)e^{st}$ 的奇点就是 $F(s)$ 的奇点. 根据留数定理可得

$$\oint_C F(s)e^{st}ds = 2\pi j\sum_{k=1}^{n}\mathrm{Res}[F(s)e^{st},s_k]$$

即

$$\frac{1}{2\pi j}\left[\int_{\beta-jR}^{\beta+jR} F(s)e^{st}ds + \int_{C_R} F(s)e^{st}ds\right] = \sum_{k=1}^{n}\mathrm{Res}[F(s)e^{st},s_k]$$

在上式左方，取 $R\to+\infty$时的极限，并根据第五章中的约当引理，当 $t>0$ 时有

$$\lim_{k\to+\infty}\int_{C_R} F(s)e^{st}ds = 0$$

从而

$$\frac{1}{2\pi j}\int_{\beta-jR}^{\beta+jR}F(s)e^{st}ds=\sum_{k=1}^{n}\mathrm{Res}[F(s)e^{st},s_k]$$

当 $F(s)$ 为有理函数时，读者可以结合留数的有关计算方法，得出 $f(t)$ 的一些规律.

例 1 已知 $F(s)=\dfrac{1}{(s-2)(s-1)^2}$，求 $f(t)=\mathscr{L}^{-1}[F(s)]$.

解 由于 $s_1=2$，$s_2=1$ 分别为像函数 $F(s)$ 的简单极点和二阶极点，所以有

$$\begin{aligned}f(t)&=\mathrm{Res}[F(s)e^{st},2]+\mathrm{Res}[F(s)e^{st},1]\\&=\frac{e^{st}}{(s-1)^2}\Big|_{s=2}+\left(\frac{e^{st}}{s-2}\right)'\Big|_{s=1}=e^{2t}-e^t-te^t\end{aligned}$$

反演积分公式是由像函数 $F(s)$ 求像原函数 $f(t)$ 的一般公式，可以利用留数来计算反演积分. 除此之外，还可利用拉普拉斯变换的性质并根据一些已知的变换来求像原函数.

例 2 已知 $F(s)=\dfrac{5s-1}{(s+1)(s-2)}$，求 $\mathscr{L}^{-1}[F(s)]$.

解 $F(s)=\dfrac{5s-1}{(s+1)(s-2)}=2\dfrac{1}{s+1}+3\dfrac{1}{s-2}$，且 $\mathscr{L}[e^{\alpha t}]=\dfrac{1}{s-\alpha}$，

故有

$$\mathscr{L}^{-1}[F(s)]=2\mathscr{L}^{-1}\left[\frac{1}{s+1}\right]+3\mathscr{L}^{-1}\left[\frac{1}{s-2}\right]=2e^{-t}+3e^{2t}$$

例 2 的方法称为部分分式分解法，在许多实际问题中，像函数 $F(s)$ 有理真分式，因此可以先分解为若干个简单的部分分式之和，再利用一些已知的变换得到它的像原函数.

例 3 求 $F(s)=\dfrac{s}{s^2+2s+5}$ 的拉氏逆变换.

解
$$\begin{aligned}F(s)&=\frac{s}{s^2+2s+5}=\frac{s}{(s+1)^2+2^2}\\&=\frac{s+1}{(s+1)^2+2^2}-\frac{1}{2}\,\frac{2}{(s+1)^2+2^2}\end{aligned}$$

得

$$f(t)=e^{-t}\left(\cos2t-\frac{1}{2}\sin2t\right)$$

可见，$F(s)$ 分母有共轭复根时，用配方法求拉氏反变换是比较方便的.

例 4 已知 $F(s)=\dfrac{1}{s(s-1)^2}$，求 $f(t)=\mathscr{L}^{-1}[F(s)]$.

本题可以用多种方法求解，希望通过本题的求解，对各种方法作一个总结和比较.

解法一 利用部分分式求解. 由 $F(s)=\dfrac{1}{s}-\dfrac{1}{s-1}+\dfrac{1}{(s-1)^2}$ 得

$$f(t)=\mathscr{L}^{-1}[F(s)]=1-e^t+te^t$$

解法二 利用留数求解. 由 $F(s)$ 有一阶极点 $s_1=0$ 和二阶极点 $s_2=1$，得

$$\mathrm{Res}[F(s)e^{st},0]=\frac{e^{st}}{(s-1)^2}\Bigg|_{s=0}=1$$

$$\mathrm{Res}[F(s)e^{st},1]=\left(\frac{e^{st}}{s}\right)'\Bigg|_{s=1}=te^t-e^t$$

故 $f(t)=1-e^t+te^t$.

解法三 利用拉氏变换的积分性质求解.

$$f(t)=\mathscr{L}^{-1}\left[\frac{1}{s(s-1)^2}\right]=\int_0^t\mathscr{L}^{-1}\left[\frac{1}{(s-1)^2}\right]dt$$
$$=\int_0^t te^t dt=1-e^t+te^t$$

第四节 卷积在拉普拉斯变换中的应用

在傅氏变换中，称 $f_1(t)*f_2(t)=\int_{-\infty}^{+\infty}f_1(\tau)f_2(t-\tau)d\tau$ 为 $f_1(t)$ 与 $f_2(t)$ 的卷积. 在拉氏变换中，若 $f_1(t)$ 与 $f_2(t)$ 都满足条件：当 $t<0$ 时，$f_1(t)=f_2(t)=0$，则上式可写成

$$f_1(t)*f_2(t)=\int_{-\infty}^{0}f_1(\tau)f_2(t-\tau)d\tau+\int_0^t f_1(\tau)f_2(t-\tau)d\tau+\int_t^{+\infty}f_1(\tau)f_2(t-\tau)d\tau$$

因为第一个积分 $\tau<0$，所以 $f_1(\tau)=0$，故第一个积分为 0；

第三个积分由于 $t<\tau$，因而 $f_2(t-\tau)=0$，故第三个积分为 0；

所以，有

$$f_1(t)*f_2(t)=\int_0^t f_1(\tau)f_2(t-\tau)d\tau\quad(t>0)$$

可见，这里所给出的卷积实际上与傅氏变换中的卷积是一致的.

例 1 求 $f_1(t)=t$ 与 $f_2(t)=\sin t$ 的卷积.

解 $f_1(t)*f_2(t)=t*\sin t=\int_0^t\tau\sin(t-\tau)d\tau$

$$=\tau\cos(t-\tau)\Big|_0^t-\int_0^t\cos(t-\tau)d\tau$$
$$=t-\sin t$$

不难证明拉氏变换的卷积也满足交换律、结合律和分配律. 即

$$f_1(t)*f_2(t)=f_2(t)*f_1(t)$$
$$f_1(t)*[f_2(t)*f_2(t)]=[f_1(t)*f_2(t)]*f_3(t)$$
$$f_1(t)*[f_2(t)\pm f_3(t)]=f_1(t)*f_2(t)\pm f_1(t)*f_3(t)$$

定理 （卷积定理）设 $\mathscr{L}[f_1(t)]=F_1(s)$，$\mathscr{L}[f_2(t)]=F_2(s)$，则有

$$\mathscr{L}[f_1(t)*f_2(t)]=F_1(s)\cdot F_2(s)\quad 或\ \mathscr{L}^{-1}[F_1(s)\cdot F_2(s)]=f(t)*f(t)$$

证 由定义有

$$\mathscr{L}[f_1(t)*f_2(t)]=\int_0^{+\infty}[f_1(t)*f_2(t)]e^{-st}dt$$
$$=\int_0^{+\infty}\left[\int_0^t f_1(\tau)f_2(t-\tau)d\tau\right]e^{-st}dt$$

从上面这个积分式子可以看出，积分区域如图 8－2 所示. 交换积分次序得

$$\mathscr{L}[f_1(t)*f_2(t)]=\int_0^{+\infty}f_1(\tau)\left[\int_\tau^{+\infty}f_2(t-\tau)e^{-st}dt\right]d\tau$$
$$\underline{\underline{t-\tau=u}}\int_0^{+\infty}f_1(\tau)\int_0^{+\infty}f_2(u)e^{-s(u+\tau)}du d\tau$$
$$=\int_0^{+\infty}f_1(\tau)e^{-s\tau}d\tau\int_0^{+\infty}f_2(u)e^{-su}du$$

$$= F_1(s) \cdot F_2(s)$$

这个性质表明两个函数卷积的拉氏变换等于这两个函数拉氏变换的乘积.

不难推证，设 $\mathscr{L}[f_k(t)] = F_k(s),(k = 1,2,\cdots,n)$，则有

$$\mathscr{L}\left[f_1(t) * f_2(t) * \cdots f_n(t)\right] = F_1(s)F_2(s)\cdots F_n(s)$$

图 8-2

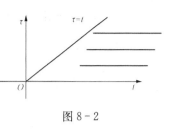

在拉氏变换的应用中卷积定理起着十分重要的作用. 对于某些像函数 $F(s)$ 则可以直接利用卷积定理来求像原函数.

例 2　已知 $F(s) = \dfrac{1}{s^2(1+s^2)}$，求其像原函数.

解　由 $F(s) = \dfrac{1}{s^2} \cdot \dfrac{1}{s^2+1}$，而 $L^{-1}\left[\dfrac{1}{s^2}\right] = t$，$L^{-1}\left(\dfrac{1}{s^2+1}\right) = \sin t$，故有

$$f(t) = t * \sin t = \int_0^t \tau \sin(t-\tau)\mathrm{d}\tau$$

$$= \cos\Big|_0^t - \int_0^t \cos(t-\tau)\mathrm{d}\tau = t - \sin t$$

例 3　已知 $F(s) = \dfrac{s^2}{(s^2+1)^2}$，求其像原函数.

解　$F(s) = \dfrac{s}{s^2+1} \cdot \dfrac{s}{s^2+1}$，$\mathscr{L}\left[\cos t\right] = \dfrac{s}{s^2+1}$，由卷积定理得

$$f(t) = \cos t * \cos t = \int_0^t \cos\tau\cos(t-\tau)\mathrm{d}\tau$$

$$= \frac{1}{2}\int_0^t [\cos t + \cos(2\tau - t)]\mathrm{d}\tau$$

$$= \frac{1}{2}(t\cos t + \sin t)$$

例 4　已知 $F(s) = \dfrac{1}{s(s-1)^2}$，求 $f(t) = \mathscr{L}^{-1}[F(s)]$.

解　上一节用了三种方法求解，下面用卷积定理来求解.

根据卷积定理有

$$f(t) = \mathscr{L}^{-1}\left[\frac{1}{s(s-1)^2}\right] = \mathscr{L}^{-1}\left[\frac{1}{(s-1)^2}\right] * \mathscr{L}^{-1}\left[\frac{1}{s}\right]$$

$$= t\mathrm{e}^t * 1 = \int_0^t \tau \mathrm{e}^\tau \mathrm{d}\tau = 1 - \mathrm{e}^t + t\mathrm{e}^t$$

第五节　拉普拉斯变换的应用

拉氏变换有着极为广泛的应用，例如对一个物理系统进行分析的研究，首先要知道该系统的数学模型，也就是要建立该系统特性的数学表达式. 所谓线性系统，在许多场合，它的数学模型可以用一个线性微分方程来描述，或者说是满足迭加原理的一类系统. 这类系统无论是在电路理论还是在自动控制理论的研究中都占有很重要的地位，特别是分析和解决这类 $\int_0^{+\infty} f(t)\mathrm{e}^{-s_0 t}\mathrm{d}t = F(s_0)$ 问题，拉氏变换法是不可缺少的. 本节将列举几个拉普拉斯变换应用的例子.

一、利用拉氏变换求反常积分

由拉氏变换的定义，$F(s)=\int_0^{+\infty} f(t)\mathrm{e}^{-st}\mathrm{d}t$，当 s 取某些特定的值时，可以求一些函数的反常积分积分. 例如，令 $s=s_0$，得

$$\int_0^{+\infty} f(t)\mathrm{e}^{-s_0 t}\mathrm{d}t = F(s_0)$$

特别地，令 $s=0$，有 $\int_0^{+\infty} f(t)\mathrm{d}t = F(0)$.

利用拉氏变换的微分性质与积分性质，不难得到下列反常积分

$$\int_0^{+\infty} tf(t)\mathrm{d}t = -F'(0),\quad \int_0^{+\infty}\frac{f(t)}{t}\mathrm{d}t = \int_0^{\infty} F(s)\mathrm{d}s$$

需要注意的是，上述公式必须在反常积分收敛时才成立.

例 1 求下列反常积分.

(1) $\int_0^{+\infty}\mathrm{e}^{-3t}\cos 2t\mathrm{d}t$； (2) $\int_0^{+\infty}\frac{1-\cos t}{t}\mathrm{e}^{-t}\mathrm{d}t$.

解 (1) 由 $\mathscr{L}[\cos 2t]=\int_0^{+\infty}\mathrm{e}^{-st}\cos 2t\mathrm{d}t=\frac{s}{s^2+4}$，有

$$\int_0^{+\infty}\mathrm{e}^{-3t}\cos 2t\mathrm{d}t=\left.\frac{s}{s^2+4}\right|_{s=3}=\frac{3}{13}$$

(2)

$$\begin{aligned}\mathscr{L}\left[\frac{1-\cos t}{t}\right]&=\int_s^{+\infty}\mathscr{L}[1-\cos t]\mathrm{d}s\\&=\int_s^{+\infty}\frac{1}{s(s^2+1)}\mathrm{d}s=\left.\frac{1}{2}\ln\frac{s^2}{s^2+1}\right|_s^{+\infty}\\&=\frac{1}{2}\ln\frac{s^2+1}{s^2}\end{aligned}$$

即

$$\int_0^{+\infty}\frac{1-\cos t}{t}\mathrm{e}^{-st}\mathrm{d}t=\frac{1}{2}\ln\frac{s^2+1}{s^2}$$

令 $s=1$ 得

$$\int_0^{+\infty}\frac{1-\cos t}{t}\mathrm{e}^{-t}\mathrm{d}t=\frac{1}{2}\ln 2$$

二、求解微分方程（组）

众所周知，要直接解微分方程，一般说来是困难的，特别是当它最后归结到积分运算时，有时无法算出结果. 于是人们利用拉氏变换把微分方程化为容易计算的像函数的代数方程，再由这个代数方程求出像函数，然后再取逆变换就得出像原函数，也就是得出原来微分方程的解，这种解法的示意图如下（见图 8-3).

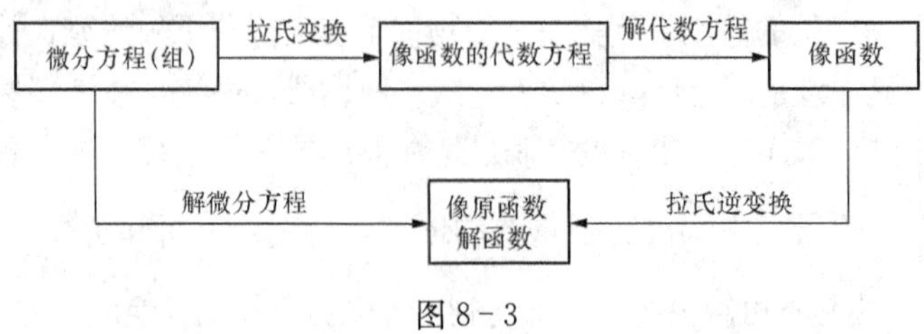

图 8-3

例 2 求微分方程 $y''(t)+2y'(t)+3y(t)=\mathrm{e}^{-t}$ 满足初始条件 $y(0)=0$，$y'(0)=1$ 的解.

解 设 $\mathscr{L}[y(t)]=Y(s)$，对微分方程两端取拉氏变换，得

$$[s^2Y(s)-sy(0)-y'(0)]+2[sY(s)-y(0)]-3Y(s)=\frac{1}{s+1}$$

将初始条件 $y(0)=0, y'(0)=1$ 代入上式，化简得

$$(s^2+2s-3)Y(s)=\frac{s+2}{s+1}$$

解之，得

$$\begin{aligned}Y(s)&=\frac{s+2}{(s+1)(s-1)(s+3)}\\&=-\frac{1}{4}\times\frac{1}{s+1}+\frac{3}{8}\times\frac{1}{s-1}-\frac{1}{8}\times\frac{1}{s+3}\end{aligned}$$

对像函数 $Y(s)$ 取拉氏逆变换，即得到微分方程满足初始条件的特解

$$y(t)=-\frac{1}{4}\mathrm{e}^{-t}+\frac{3}{8}\mathrm{e}^{t}-\frac{1}{8}\mathrm{e}^{-3t}$$

从这个例子可以看出一个特点：在解的过程，初始条件也同时用上了，求出的结果就是需要的特解，避免了微分方程的一般解法中先求通解再根据初始条件确定任意常数的复杂运算.

例 3 求下列方程组.

$$\begin{cases}x'(t)+x(t)-y(t)=\mathrm{e}^t\\y'(t)+3x(t)-2y(t)=2\mathrm{e}^t\end{cases},\ x(0)=y(0)=1$$

解 令 $X(s)=\mathscr{L}[x(t)]$，$Y(s)=\mathscr{L}[y(t)]$，对方程组两边取拉氏变换，并应用初始条件得

$$\begin{cases}sX(s)-X(s)-Y(s)=\dfrac{1}{s-1}\\[2ex]sY(s)-1+3X(s)-2Y(s)=2\dfrac{1}{s-1}\end{cases}$$

解得

$$X(s)=Y(s)=\frac{1}{s-1}$$

所以

$$x(t)=y(t)=\mathrm{e}^t$$

例 4 求解下列积分方程.

$$f(t)=at-\int_0^t\sin(x-t)f(x)\mathrm{d}x\quad(a\neq 0)$$

解 由于 $f(t)*\sin t=\int_0^t f(x)\sin(t-x)\mathrm{d}x$，所以原方程为

$$f(t)=at-f(t)*\sin t$$

令 $\mathscr{L}[f(t)]=F(s)$，方程两边取拉氏变换得

$$F(s)=\frac{a}{s^2}+\frac{1}{s^2+1}F(s)$$

即

$$F(s)=a\left(\frac{1}{s^2}+\frac{1}{s^4}\right)$$

取拉氏逆变换得

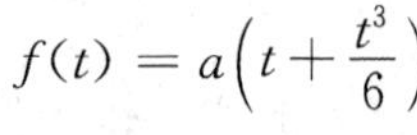

$$f(t)=a\left(t+\frac{t^3}{6}\right)$$

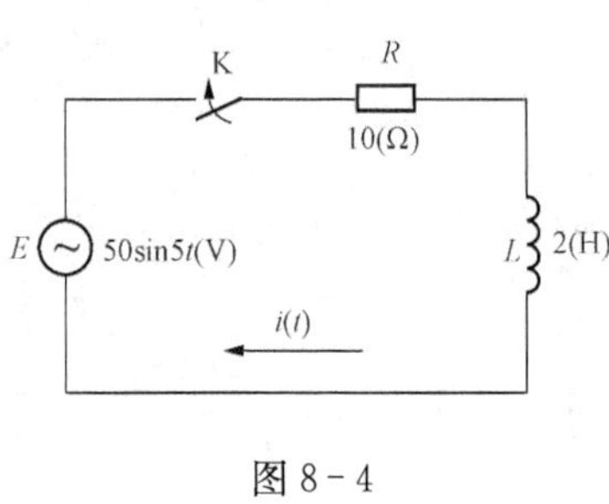

图 8-4

例 5 在如图 8-4 所示的 $R-L$ 电路中，电阻 $R=10$（Ω），电感 $L=2$（H），电源电动势 $E=50\sin 5t$（V）. 当开关 K 合上后，电路中有电流通过. 求电流强度 $i(t)$ 的变化规律.

解 由回路电压定律，有

$$u_R+u_L=E$$

由于 $u_R=Ri$，$u_L=L\frac{\mathrm{d}i}{\mathrm{d}t}$，将已知条件代入后，化简得

$$2\frac{\mathrm{d}i}{\mathrm{d}t}+10\mathrm{i}(t)=50\sin 5t$$

设 $\mathscr{L}[i(t)]=I(s)$，对微分方程两端取拉氏变换，得

$$2[sI(s)-\mathrm{i}(0)]+10I(s)=50\times\frac{5}{s^2+25}$$

将初始条件 $i(0)=0$ 代入上式，整理后解得

$$I(s)=\frac{125}{(s+5)(s^2+5)}=\frac{5}{2}\times\frac{1}{s+5}-\frac{5}{2}\times\frac{s}{s^2+5}+\frac{5}{2}\times\frac{5}{s^2+5}$$

再对像函数 $I(s)$ 取拉氏逆变换，得

$$i(t)=\frac{5}{2}\mathrm{e}^{-5t}-\frac{5}{2}\cos 5t+\frac{5}{2}\sin 5t$$

即为所求的电流强度 $i(t)$ 的变化规律.

习 题 八

1. 填空题

(1) 设 $F(s)=\frac{1}{s^2}$，则 $\mathscr{L}^{-1}[\mathrm{e}^{-s}F(s)]=$________________.

(2) 设 $f(t)=u(3t-5)$，则 $\mathscr{L}[\mathrm{e}^{-3t}f(t)]=$________________.

(3) $\mathscr{L}[\sin 3t]=$________________.

(4) $\mathscr{L}[\mathrm{e}^t\sin t]=$________________.

(5) $\mathscr{L}[\mathrm{e}^t\cos t]=$________________.

(6) 设 $\mathscr{L}[f(t)]=\frac{2}{s^2+4}$ 则 $\mathscr{L}[\mathrm{e}^{-3t}f(t)]=$________________.

(7) 设 $f(t)=(t-1)^2\mathrm{e}^t$，$\mathscr{L}[f(t)]=$________________.

(8) 设 $F(s)=\frac{1}{(s^2+1)^2}$，则 $\mathscr{L}^{-1}[F(s)]=$________________.

(9) 设 $\mathscr{L}[f_1(t)]=F_1(s)$，$\mathscr{L}[f_2(t)]=F_2(s)$，则 $\mathscr{L}[f_1(t)*f_2(t)]=$________.

(10) 设 $F(s)=\dfrac{s+2}{s^2+16}$，则 $\mathscr{L}^{-1}[F(s)]=$__________________.

2. 单项选择题

(1) 下列变换中，不正确的是（　）.

(A) $\mathscr{F}[\delta(t)]=1$　　(B) $\mathscr{L}[\delta(t)]=1$

(C) $\mathscr{L}[1]=\delta(t)$　　(D) $\mathscr{F}[1]=2\pi\delta(\omega)$

(2) 设 $\mathscr{L}[f(t)]=F(s)$，其中正确的是（　）.

(A) $\mathscr{L}[f'(t)]=sF(s)$　　(B) $\mathscr{L}[e^{at}f(t)]=F(s+a)$

(C) $\mathscr{L}[f(at)]=\dfrac{1}{a}F(s)$　　(D) $\mathscr{L}[e^{at}f(t)]=F(s-a)$

(3) 若 $F(s)=\dfrac{1}{s^2+1}e^{-s}$，则 $\mathscr{L}^{-1}[F(s)]=$（　）.

(A) $\sin(t-1)$　　(B) $u(t-1)\sin t$

(C) $u(t)\sin(t-1)$　　(D) $u(t-1)\sin(t-1)$

(4) 设 $f(t)=e^{-2t}\cos 3t$，则 $\mathscr{L}[f(t)]=$（　）.

(A) $\dfrac{3}{(s+2)^2+9}$　　(B) $\dfrac{s+2}{(s+2)^2+9}$

(C) $\dfrac{3s}{(s+2)^2+9}$　　(D) $\dfrac{3(s+2)}{(s+2)^2+9}$

(5) 函数 $f(t)=\sin(\omega t+\alpha)$ 的拉氏变换为（　）.

(A) $e^{-\frac{\alpha}{\omega}s}\dfrac{\omega}{s^2+\omega^2}$　　(B) $\dfrac{s\sin\alpha+\omega\cos\alpha}{s^2+\omega^2}$

(C) $\dfrac{\omega}{(s-\alpha)^2+\omega^2}$　　(D) $\dfrac{\omega}{(s+\alpha)^2+\omega^2}$

(6) 函数 $f(t)=\dfrac{e^{2t}\sin 3t}{t}$ 的拉氏变换为（　）.

(A) $-\arctan\dfrac{s-2}{3}$　　(B) $\operatorname{arccot}\dfrac{s-2}{3}$

(C) $-\operatorname{arccot}\dfrac{s-2}{3}$　　(D) $\arctan\dfrac{s-2}{3}$

(7) 函数 $F(s)=\dfrac{s^2}{s^2+1}$ 的拉氏逆变换为（　）.

(A) $\delta(t)\cos t$　　(B) $\delta(t)-\cos t$

(C) $\delta(t)(1-\sin t)$　　(D) $\delta(t)-\sin t$

(8) 设 $F(s)=\dfrac{e^{-s}}{s(s+2)}$，则 $\mathscr{L}^{-1}[F(s)]=$（　）.

(A) $e^{-2(t-1)}u(t-1)$　　(B) $u(t-1)-e^{-2(t-1)}u(t-1)$

(C) $\dfrac{1}{2}[1-e^{-2(t-1)}]u(t-1)$　　(D) $\dfrac{1}{2}[u(t)-e^{-2(t-1)}u(t-1)]$

(9) 若 $F(s)=\dfrac{-s}{(s+2)(s^2+2s+2)}$，则 $\mathscr{L}^{-1}[F(s)]=$（　）.

(A) $e^{-2t}+e^{-t}\cos t$　　(B) $e^{-2t}-e^{-t}\cos t$

(C) $e^{-2t}+e^{t}\cos t$　　(D) $e^{-2t}-e^{t}\cos t$

(10) 方程 $y'''+3y''+3y'+y=6e^{-t}$ 满足条件 $y(0)=y'(0)=y''(0)=0$ 的解是（　　）.

(A) t^3e^t　　(B) t^3e^{-t}　　(C) $\frac{1}{4}t^4e^{-t}$　　(D) $\frac{1}{4}t^4e^t$

3. 利用拉氏变换的定义求下列函数的拉氏变换.

(1) $f(t)=\begin{cases}3,0\leqslant t<2\\-1,2\leqslant t<4\\0,t>4\end{cases}$；(2) $f(t)=e^{2t}+5\delta(t)$；(3) $f(t)=\delta(t)\cos t-u(t)\sin t$.

4. 利用拉氏变换的性质求下列函数的拉氏变换.

(1) t^2+3t+2；(2) $1-te^{-t}$；(3) $5\sin 2t-3\cos 2t$；

(4) $e^{at}\sin^2 t$；(5) $\frac{1-e^{-at}}{t}$；(6) $2\delta(t-1)-3e^{-at}u(t)$；

(7) $\sin(t-2)\cdot u(t-2)$；(8) $\sin t\cdot u(t-2)$；(9) $2e^{-5(t-1)}u(t)$；

(10) $te^{-3t}\sin 2t$；(11) $\int_0^t\frac{e^{-3t}\sin 2t}{t}dt$；(12) $t\int_0^t e^{-3t}\sin 2t\,dt$.

5. 已知函数 $f(t)$ 的拉普拉斯变换为 $F(s)$，求下列函数的拉普拉斯变换，已知所有参数都大于零.

(1) $e^{-\frac{t}{a}}f\left(\frac{t}{a}\right)$；(2) $e^{-at}f\left(\frac{t}{a}\right)$；(3) $tf(3t-8)$；

(4) $te^{-at}f(\alpha t-\beta)$；(5) $\int_0^t f(\alpha\tau-\beta)d\tau$.

6. 利用拉氏变换性质，计算拉氏逆变换.

(1) $F(s)=\frac{1}{s+1}-\frac{1}{s-1}$；(2) $F(s)=\frac{2s}{(s^2-1)^2}$；(3) $F(s)=\ln\frac{s+1}{s-1}$；

(4) $F(s)=\ln\frac{s^2-1}{s^2}$；(5) $F(s)=\frac{1}{s^2+1}e^{-5s}$.

7. 求下列像函数 $F(s)$ 的拉氏逆变换，并用另一种方法加以验证.

(1) $\frac{1}{s(s+1)}$；(2) $\frac{s+3}{(s+2)(s-3)}$；(3) $\frac{s^2}{s^2+1}$；

(4) $\frac{2s+3}{s^2+9}$；(5) $\frac{s^2+2s-1}{s(s-1)^2}$；(6) $\frac{1}{s^2(s^2-1)}$；

(7) $\frac{s}{(s^2+1)(s^2+4)}$；(8) $\frac{2s+1}{s(s+1)(s+2)}$；(9) $\frac{1}{(s^2+1)^2}$.

8. 求下列积分的值.

(1) $\int_0^{+\infty}\frac{e^{-t}-e^{-2t}}{t}dt$；(2) $\int_0^{+\infty}te^{-2t}dt$；(3) $\int_0^{+\infty}t^3e^{-t}\sin t\,dt$.

9. 利用拉氏变换解下列微分方程或微分方程组.

(1) $y'-y=e^{2t}-1$，$y(0)=0$；

(2) $y''-2y'+y=e^t$，$y(0)=y'(0)=0$；

(3) $y''+3y'+y=3\cos t$，$y(0)=0, y'(0)=1$；

(4) $y''+3y'+2y=u(t-1)$，$y(0)=0$，$y'(0)=1$；

(5) $y''(t)-3y'(t)+2y=2e^{-t}$，$y(0)=2$，$y'(0)=-1$；

(6) $\begin{cases} x' + x - y = e^t \\ y' + 3x - 2y = 2e^t \end{cases}$，$x(0) = y(0) = 1$；

(7) $\begin{cases} 2x - y - y' = 4(1 - e^{-t}) \\ 2x' + y = 2(1 + 3e^{-2t}) \end{cases}$，$x(0) = 0, y(0) = 0$.

10. 用拉氏变换法求解下列积分方程中的 $x(t)$.

(1) $x(t) + \int_0^t (t - \tau)x(\tau)\mathrm{d}\tau = 1$；

(2) $\sin t = \int_0^t x(\tau)e^{-(t-\tau)}\mathrm{d}\tau$.

11. 一电路如图 8-5 所示，其中电源在 $t=0$ 时输入一脉冲电压 $E = U_0\delta(t)$，求电流强度 $i(t)$ 的表达式.

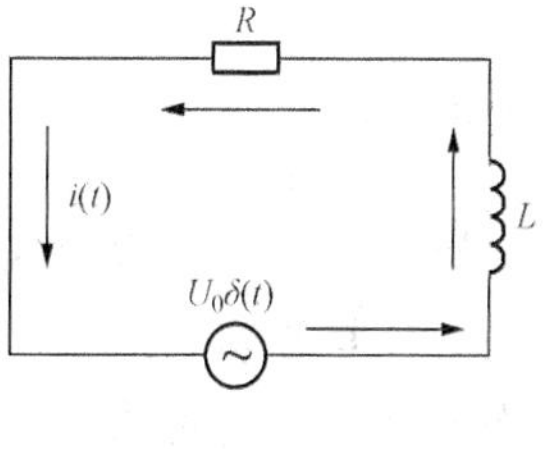

图 8-5

※第九章　数学软件在复变函数与积分变换中的应用

复变函数的运算是实变函数运算的一种延伸，但由于其自身的一些特殊性质而显得不同，特别是当它引进了"留数"的概念，且在引入了泰勒级数展开、傅氏变换和拉氏变换之后而使其显得更为重要了．本章主要介绍使用数学软件 Mathematica 和 MATLAB 来进行复变函数及积分变换的各种运算.

第一节　数学软件在复数运算中的应用

利用 Mathematica 软件和 MATLAB 软件可以很方便地求复数的实部、虚部、模、辐角、共轭复数和复方程的根.

在 Mathematica 软件中命令调用形式如下.

Re [z]　　返回复数 x 的实部
Im [z]　　返回复数 x 的虚部
Abs [z]　　返回复数 x 的模
Arg [z]　　返回复数 x 的辐角
Conjugate [z]　　返回复数 x 的共轭复数
Solve [f==0]　　返回复方程的根

在 MATLAB 软件中命令调用如下.

real (z)　　返回复数 x 的实部
imag (z)　　返回复数 x 的虚部
abs (z)　　返回复数 x 的模
angle (z)　　返回复数 x 的辐角
conj (z)　　返回复数 x 的共轭复数
solve ('f=0')　　返回复方程的根

在 Mathematica 软件和 MATLAB 软件中初等函数的表示可见表 9-1 和表 9-2.

表 9-1　　Mathematica 中的初等函数

函数名	函数功能	函数名	函数功能
Exp [z]	指数函数	Cos [z]	余弦
Log [z]	以 e 为底的对数函数	Tan [z]	正切
Log [b, z]	以 b 为底的对数函数	Cot [z]	余切
a^b	乘幂	ArcSin [z]	反正弦
Sin [z]	正弦	ArcCos [z]	反余弦

续表

函　数　名	函　数　功　能	函　数　名	函　数　功　能
Sinh [z]	双曲正弦	ArcSinh [z]	反双曲正弦
Cosh [z]	双曲余弦	ArcCosh [z]	反双曲余弦

表 9-2　　MATLAB 中的初等函数

函　数　名	函　数　功　能	函　数　名	函　数　功　能
exp (z)	指数函数	asin (z)	反正弦
log (z)	以 e 为底的对数函数	acos (z)	反余弦
a^b	乘幂	atan (z)	反正切
sin (z)	正弦	acot (z)	反余切
cos (z)	余弦	sinh (z)	双曲正弦
tan (z)	正切	cosh (z)	双曲余弦
Cot (z)	余切	tanh (z)	双曲正切

例 1　设 $z_1=2-3\mathrm{i}$，$z_2=-3+4\mathrm{i}$ 求$\frac{z_1}{z_2}$与$\overline{\left(\frac{z_1}{z_2}\right)}$.

解　(1) Mathematica 程序.

输入命令

```
z1=2-3I; z2=-3+4I; z1/z2
Conjugate [z1/z2]
```

按 Shift+Enter 键运行.

输出结果

$-\frac{18}{25}+\frac{i}{25}$

$-\frac{18}{25}-\frac{i}{25}$

(2) MATLAB 程序.

输入命令

```
z1=2-3*i; z2=-3+4*i; z1/z2
conj (z1/z2)
```

按 Enter 键运行.

输出结果不再赘述，以下相同.

例 2　设 $z=\frac{2\mathrm{i}}{1+\mathrm{i}}-\frac{2-3\mathrm{i}}{\mathrm{i}-1}$，求 $\mathrm{Re}(z)$，$\mathrm{Im}(z)$，$z\bar{z}$.

解　(1) Mathematica 程序.

输入命令

```
z=2I/ (1+I) - (2-3I) / (I-1)
Re [z]
Im [z]
```

```
z * Conjugate [z]
```

输出结果

$\frac{7}{2}$

$\frac{1}{2}$

$\frac{25}{2}$

(2) MATLAB 程序.

输入命令

```
z=2 * i (1+i) - (2-3 * i) / (i-1)
real (z)
imag (z)
z * conj (z)
```

例 3 求 $z=\frac{(3+4i)(2-5i)}{2i}$ 的模与辐角.

解 (1) Mathematica 程序.

输入命令

```
z= (3+4I) (2-5I) / (2I)
Abs [z]
Arg [z]
```

输出结果

$\frac{5\sqrt{2q}}{2}$

$-\pi+\text{ArcTan}\left[\frac{26}{7}\right]$

(2) MATLAB 程序.

输入命令

```
z=(3+4 * i) * (2-5 * i)/(2 * i)
abs (z)
angle (z)
```

例 4 求方程 $z^4+4=0$ 的所有根.

解 (1) Mathematica 程序.

输入命令

```
Clear [z]
Solve [z^4+4==0]
```

输出结果

```
{ {z→-1-i}, {z→-1+i}, {z→1-i}, {z→1+i}}
```

(2) MATLAB 程序.

输入命令

```
solve ('z^4+4=0')
```

第二节　数学软件在解析函数中的应用

本节介绍 Mathematica 程序和 MATLAB 程序求导函数的命令，编写 Mathematica 程序判断函数解析性、Mathematica 程序与 MATLAB 程序求解复变函数的积分的命令.

在 Mathematica 软件中命令调用形式如下

D [f, z]　　返回函数 $f(z)$ 的导数

NIntegrate [f [z [t]], {t, α, β}]　　返回函数 $f(z)$ 在曲线 $C(z=x(t)+\mathrm{i}y(t)$，$\alpha\leqslant t\leqslant\beta)$ 上的积分

编程自定义函数来检验函数是否解析

```
checkF[ref_,imf]:=If[D[ref,x]==D[imf,y]&&D[ref,y]==-D[imf,x],
Print["Yes"],Print["No"],Print["No"]]
checkF[u,v]
```

在 MATLAB 软件中命令调用如下

diff(f(z),z)　　返回函数 $f(z)$的导数

int(f(z),z,A,B)　　返回函数 $f(z)$从 A 到 B 的积分

int(f(z(t)),t,α,β)　　返回函数 $f(z)$从 A 到 B 的积分

例 1　求函数 $f(z)=\ln(z+\mathrm{i}\sqrt{z^2+1})$ 的导函数.

解　(1) Mathematica 程序.

输入命令

```
D[Log[z+I Sqrt[z^2+1]],z]
```

输出结果

$$\frac{1+\frac{\mathrm{i}z}{\sqrt{1+z^2}}}{z+\mathrm{i}\sqrt{1+z^2}}$$

(2) MATLAB 程序.

输入命令

```
syms z;
f=log(z+i*sqrt(z^2+1));
diff(f,z)
```

例 2　判断函数 $f(z)=z^2$ 的解析性态.

解　不妨设 $z=x+\mathrm{i}y$，$w=f(z)=u+\mathrm{i}v$，则 $u=x^2-y^2$，$v=2xy$. 那么可以自编程序来进行判断，Mathematica 程序

输入命令

```
checkF[ref_,imf]:=If[D[ref,x]==D[imf,y]&& D[ref,y]==-D[imf,x],
Print["Yes"],Print["No"]]
checkF[x^2-y^2, 2xy]
```

输出结果

Yes

例 3 计算积分$\int_C \frac{\sin z}{z^2}dz$的值，其中

(1) 曲线 C 是从 $z=1$ 经单位圆上半周到 $z=-1$；

(2) 曲线 C 为正向单位圆；

(3) 曲线 C 为从 1+i 经−1+i，−1−i，1−i 回到 1+i 的正方形.

解 (1) Mathematica 程序.

输入命令

```
NIntegrate[Sin[Cos[t]+I Sin[t]]/(Cos[t]+I Sin[t])^2 (-Sin[t]+I Cos[t]),{t,0,Pi}]
```

输出结果

$-1.38778\times10^{-16}+3.14159i$

MATLAB 程序.

输入命令

```
syms t;
f=1/(cos(t)+i*sin(t))*(-sin(t)+i*cos(t));
int(f,t,0,pi)
```

(2) Mathematica 程序.

输入命令

```
NIntegrate[Sin[Cos[t]+I Sin[t]]/(Cos[t]+I Sin[t])^2 (-Sin[t]+I Cos[t]),{t,0,2Pi}]
```

输出结果

$-5.55112\times10^{-17}+6.28319i$

输入命令

```
syms t;
f=1/(cos(t)+i*sin(t))*(-sin(t)+i*cos(t));
int(f,t,0,2*pi)
```

(3) Mathematica 程序.

输入命令

```
NIntegrate[Sin[z]/z^2,{z,1+I,-1+I,-1-I,1-I,1+I}]
```

输出结果

$1.11022\times10^{-16}+6.28319i$

第三节 数学软件在级数展开中的应用

本节介绍 Mathematica 程序与 MATLAB 程序求函数项幂级数、泰勒级数、洛朗级数展开的方法.

在 Mathematica 软件中命令调用形式如下

Series[f,{z, z_0 ,n}]　　返回 $f(z)$在 z_0 点的 n 次幂的近似

SeriesCoefficient[series,n]　　返回幂级数第 n 次幂项的系数

在 Matlab 软件中命令调用如下

taylor(f)　　返回函数 f 的五次幂多项式近似

taylor(f,n)　　返回函数 f 的 $n-1$ 次幂多项式

taylor(f,z_0)　　返回函数 f 在 z_0 点附近的幂多项式近似

例 1　将 $f(z)=\dfrac{1}{z-1}$ 展开成 z 的幂级数.

解　(1)Mathematica 程序.

输入命令

```
f[z_]:=1/(1-z);
Series[f[z],{z,0,5}]
```

输出结果

$1+z+z^2+z^3+z^4+z^5+O[z]^6$

(2) MATLAB 程序.

输入命令

```
syms z;
f=1/(z-1);
taylor(f,0)
```

例 2　将 $f(z)=\ln(1+z)$ 展开成 z 的幂级数.

解　(1) Mathematica 程序.

输入命令

```
f[z_]:=Log[1+z];
Series[f[z],{z,0,5}]
```

输出结果

$z-\frac{z^2}{2}+\frac{z^3}{3}-\frac{z^4}{4}+\frac{z^5}{5}+O[z]^6$

(2) MATLAB 程序.

输入命令

```
syms z;
f=log(1+z);
taylor(f,0)
```

例 3　将 $f(z)=e^z$ 展开成 $z=i$ 的幂级数.

解　(1) Mathematica 程序.

输入命令

```
f[z_]:=Exp[z];
Series[f[z],{z,I,3}]
```

输出结果

$e^i + e^i (z-i) + \frac{1}{2} e^i (z-i)^2 + \frac{1}{6} e^i (z-i)^3 + O[z-i]^4$

(2) MATLAB 程序.

输入命令

```
syms z;
f=exp(z);
taylor(f,i)
```

第四节　数学软件在留数计算中的应用

本节介绍 Mathematica 程序和 MATLAB 程序留数的求解方法及其在求解闭曲线积分运算中的作用.

在 Mathematica 软件中命令调用形式如下

Residue[f(z),z_k]　　返回函数 $f(z)$在 z_0 点的留数

在 MATLAB 软件中命令调用如下

[r,p,k]=residue(B,A)　返回函数的留数,极点和两个多项式比值 $B(z)/A(z)$的部分展开式的直接项

例 1　求出函数 $\frac{z+1}{z^2-2z}$ 在奇点处的留数.

解　(1) Mathematica 程序.

先求孤立奇点,输入命令

```
Slove[z^2-2z==0]
```

输出结果

```
{{z→0},{z→2}}
```

再输入命令

```
Residue[(z+1)/(z^2-2z),{z,0}]
Residue[(z+1)/(z^2-2z),{z,2}]
```

输出结果

$-\frac{1}{2}$

$\frac{3}{2}$

(2) MATLAB 程序.

输入命令

```
[r,p,k]=residue([1,1],[1,-2,0])
```

输出结果

```
r =
   1.5000
  -0.5000
p =
```

```
  2
  0
k =
  []
```

所以可得 Res[$f(z)$, 2]=1.5；Res[$f(z)$, 0]=−0.5.

例 2　求 $\oint_C \frac{e^z}{z(z-1)^2}dz$，其中曲线 C 为正向圆周：$|z|=2$.

解　Mathematica 程序

先求被积函数的孤立奇点，输入命令

```
Solve[z(z-1)^2==0,z]
```

输出结果

```
{{z→0},{z→1},{z→1}}
```

再输入命令

```
2Pi*I*(Residue[Exp[z]/(z(z-1)^2),{z,0}]+Residue[Exp[z]/(z(z-1)^2),{z,1}])
```

输出结果

$2\pi i$

第五节　数学软件在傅里叶变换中的应用

在 Mathematica 软件中命令调用形式如下

FourierTransform[f(t),t,w]	返回函数 $f(t)$ 的 Fourier 变换
InverseFourierTransform[F(w),w,t]	返回函数 $F(w)$ 的 Fourier 逆变换

例 1　求 $f(t)=e^{-\beta|t|}$，$\beta>0$ 的傅氏变换.

解　Mathematica 程序

输入命令

```
FourierTransform[Exp[-β*Abs[t]],t,w]
```

输出结果

$$\frac{\sqrt{\frac{2}{\pi}}\beta}{w^2+\beta^2}$$

例 2　求 $f(t)=\sin\left(5t+\frac{\pi}{3}\right)$ 的傅氏变换.

解　Mathematica 程序

输入命令

```
FourierTransform[Sin[5t+Pi/3],t,w]
```

输出结果

$$\frac{1}{2}i\sqrt{\frac{\pi}{2}}\text{DiracDelta}[-5+w]+\frac{1}{2}\sqrt{\frac{3\pi}{2}}\text{DiracDelta}[-5+w]-\frac{1}{2}i\sqrt{\frac{\pi}{2}}\text{DiracDelta}[5+w]$$
$$+\frac{1}{2}\sqrt{\frac{3\pi}{2}}\text{DiracDelta}[5+w]$$

例 3 求 $f(t)=\dfrac{\sin\omega}{\omega}$ 的傅氏逆变换.

解 Mathematica 程序

输入命令

```
InverseFourierTransform[Sin[w]/w,w,t]
```

输出结果

$\frac{1}{2}\sqrt{\frac{\pi}{2}}$ (Sign[1−t]+Sign[1+t])

第六节 数学软件在拉普拉斯变换中的应用

在 Mathematica 软件中命令调用形式如下

LaplaceTransform[f(t),t,s]	返回函数 $f(t)$的 Laplace 变换
InverseLaplaceTransform[F(s),s,t]	返回函数 $F(s)$的 Laplace 逆变换(等价于 F(y)=int(L(y) * exp(x * y),y,c−i * inf,c+i * inf),对 y 取积分.)

例 1 求指数函数 $f(t)=e^{kt}(k>0)$ 的拉氏变换.

解 Mathematica 程序

输入命令

```
Clear[]
LaplaceTransform[Exp[k * t],t,s]
```

输出结果

$\frac{1}{-k+s}$

例 2 求函数 $f(t)=\sin\frac{t}{2}$ 的拉氏变换.

解 Mathematica 程序

输入命令

```
Clear[]
LaplaceTransform[Sin[t/2],t,s]
```

输出结果

$\frac{2}{1+4s^2}$

例 3 求函数 $F(s)=\dfrac{s}{s^2+1}$ 的拉式逆变换.

解 Mathematica 程序

输入命令

```
Clear[]
InverseLaplaceTransform[s/(s^2+1),s,t]
```

输出结果

```
Cos[t]
```

例 4　求函数 $F(s)=\ln\frac{s+2}{s}$ 的拉式逆变换.

解　Mathematica 程序

输入命令

```
Clear[]
InverseLaplaceTransform[Log[(s+2)/s],s,t]
```

输出结果

$\frac{1-e^{-2t}}{t}$

附录A 习 题 答 案

习 题 一

1. (1) $-\frac{13}{2}$ (2) π (3) $\sqrt{2}$ (4) $-1+2i$ (5) $e^{16\theta i}$

(6) $\frac{3}{2}+\frac{3\sqrt{3}}{2}i$，$-3$，$-\frac{3}{2}-\frac{3\sqrt{3}}{2}$ (7) $3\sqrt{3}$

(8) $\frac{x^2+y^2-2-x}{(x+1)^2+y^2}$，$\frac{2y}{(x+1)^2+y^2}$ (9) $x^2+y^2=1$ (10) $\mathrm{Re}w=\frac{1}{2}$

2. (1) C (2) B (3) B (4) D (5) A

(6) C (7) A (8) B (9) B (10) D

3. $|z|=16$；$\mathrm{Arg}z=2k\pi+\frac{2}{3}\pi$，$k\in Z$

4. $2\sin\frac{\varphi}{2}e^{\frac{\pi}{2}-\frac{\varphi}{2}}$

5. $z(t)=3t-\left(\frac{1}{3}+2t\right)i$

6. $\mathrm{Re}w=\frac{1-x^2-y^2}{(1-x^2)+y^2}$ $\mathrm{Im}w=\frac{2y}{(1-x^2)+y^2}$

$|w|=\frac{1}{(1-x^2)+y^2}\sqrt{(x^2+y^2)^2+1-2(x^2-y^2)}$

7. $\sqrt{5}-\sqrt{2}\leqslant|z+2|\leqslant\sqrt{5}+\sqrt{2}$

8. (1) $\sqrt[8]{8}\left(\cos\frac{3\pi+8k\pi}{16}+i\sin\frac{3\pi+8k\pi}{16}\right)$，$k=0$，1，2，3

(2) $\cos\frac{\pi+4k\pi}{6}+i\sin\frac{\pi+4k\pi}{6}$，$k=0$，1，2

9. w平面上的椭圆$\frac{u^2}{\left(\frac{17}{2}\right)^2}+\frac{v^2}{\left(\frac{15}{2}\right)^2}=1$

10. 略

习 题 二

1. (1) 必要条件 (2) 0 (3) $-i$

(4) $\sqrt[8]{2}\left(\cos\frac{\pi+8k\pi}{16}+i\sin\frac{\pi+8k\pi}{16}\right)$，$k=0$，1，2，3

(5) $\frac{1}{2}(y^2-x^2)+C$ (6) -3 (7) $-u(x,y)$

(8) $e^{-\left(\frac{\pi}{2}+2k\pi\right)}$ $(k=0, \pm1, \pm2, \cdots)$

(9) $-\arctan\frac{4}{3}$ (10) $-\mathrm{Arg}(-3+4i)$

2. (1) D (2) B (3) C (4) C (5) B
(6) C (7) D (8) C (9) D (10) B

3. (1) 仅在 $z=0$ 处可导，在复平面上处处不解析.
(2) 复平面上处处不可导.
(3) 仅在直线 $x=-\frac{1}{2}$ 上可导，在 z 平面上处处不解析.

4. $a=-3$，$b=1$，$c=-3$

5. 略

6. $u(x, y)=-x^2+2xy+y^2+1$

7. $f(z)=z^2-5z+(1-\mathrm{i})C$（$C$ 为任意常数）

8. (1) $\mathrm{Ln}(-\mathrm{i})=\ln|-\mathrm{i}|+\mathrm{i}[\arg(-\mathrm{i})+2k\pi]=\mathrm{i}\left(-\frac{\pi}{2}+2k\pi\right)$
$$=\mathrm{i}\pi\left(2k-\frac{1}{2}\right),\ k=0,\ \pm1,\ \pm2,\ \cdots$$
(2) $\mathrm{Ln}(-3+4\mathrm{i})=\ln|-3+4\mathrm{i}|+\mathrm{i}[\arg(-3+4\mathrm{i})+2k\pi]$
$$=\ln5+\mathrm{i}\left[\left(\pi-\arctan\frac{4}{3}\right)+2k\pi\right]$$
$$=\ln5-\mathrm{i}\left[\arctan\frac{4}{3}-(2k+1)\pi\right],\ k=0,\ \pm1,\ \pm2,\ \cdots$$
(3) $\mathrm{e}^{-2k\pi}(\cos\ln3+\mathrm{i}\sin\ln3)$，$k=0, \pm1, \pm2, \cdots$
(4) $\mathrm{e}^{-\frac{\pi}{4}-2k\pi}\left(\cos\frac{\ln2}{2}+\mathrm{i}\sin\frac{\ln2}{2}\right)$，$k=0, \pm1, \pm2, \cdots$
(5) $\frac{1}{2}[(\mathrm{e}^2+\mathrm{e}^{-2})\sin1+\mathrm{i}(\mathrm{e}^2-\mathrm{e}^{-2})\cos1]$

9. (1) $z=\ln(-1)=\ln|-1|+\mathrm{i}[\arg(-1)+2k\pi]=\mathrm{i}\pi(1+2k)$，$k=0, \pm1, \pm2, \cdots$
(2) $z=\ln2+\left(\frac{\pi}{3}+2k\pi\right)$，$k=0, \pm1, \pm2, \cdots$
(3) $z=k\pi+\frac{\pi}{2}$，$k=0, \pm1, \pm2, \cdots$
(4) $z=\left(k-\frac{1}{4}\right)\pi$，$k=0, \pm1, \pm2, \cdots$

10. 略

习 题 三

1. (1) 2 (2) $\frac{1}{6}+\frac{5}{6}\mathrm{i}$ (3) 0 (4) 0 (5) $2\pi\mathrm{i}$，0，$2\pi\mathrm{e}\mathrm{i}$
(6) 0，$8\pi\mathrm{i}$，$10\pi\mathrm{i}$ (7) $10\pi\mathrm{i}$ (8) 0 (9) $6\pi\mathrm{i}$ (10) $\frac{\pi}{12}\mathrm{i}$

2. (1) C (2) A (3) D (4) D (5) A
(6) B (7) D (8) B (9) A (10) C

3. (1) $-2-\mathrm{i}$ (2) $\frac{9}{2}+3\mathrm{i}$

4. $8+3\pi i$

5. (1) $2\pi ie^2$ (2) 0 (3) πe^{-1}

6. $4\pi i$

7. 当 $0<R<1$ 时，0；当 $1<R<2$ 时，$8\pi i$；当 $2<R<+\infty$ 时，0.

8. (1) $2\pi i$ (2) $-\pi ie$ (3) $\pi i(2-e)$ (4) 0

9. $\frac{-\pi i}{3}t^3$

10. (1) $\sin 1-\cos 1$ (2) $1-\frac{\pi}{2}e$ (3) $\frac{e^{-1}-e}{2}i$

习 题 四

1. (1) 发散 (2) $\frac{R}{2}$ (3) $|z+1|<R$ (4) i，2 (5) 1

(6) $\ln 2+\sum_{n=1}^{\infty}\frac{(-1)^{n+1}}{n2^n}z^n$ (7) $0<|z-i|<1$ 或 $1<|z-i|<+\infty$

(8) $1<|z-1|<2$ (9) $\sum_{n=0}^{\infty}\frac{1}{n!}\frac{1}{z^n}+\sum_{n=0}^{\infty}\frac{1}{n!}z^n$

(10) $\sum_{n=0}^{\infty}\frac{(-i)^n}{(z-i)^{n+2}}$

2. (1) C (2) C (3) A (4) C (5) D

(6) A (7) C (8) B (9) D (10) B

3. (1) 绝对收敛 (2) 条件收敛

4. (1) 1 (2) $+\infty$

5. (1) $\sum_{n=1}^{\infty}(-1)^{n-1}nz^{2(n-1)}$，$|z|<1$ (2) $\sum_{n=1}^{\infty}n(z+1)^{n-1}$，$|z+1|<1$

6. (1) $\sum_{n=0}^{\infty}(-1)^n\frac{z^{4n}}{(2n)!},R=+\infty$ (2) $\ln 2-\sum_{n=1}^{\infty}\left(\frac{1}{n}+\frac{1}{n2^n}\right)z^n,R=1$

7. (1) $\sum_{n=1}^{\infty}nz^{n-2}$ (2) $\sum_{n=0}^{\infty}(-1)^n(z-1)^{n-2}$

8. (1) $\sum_{n=0}^{\infty}\left(-\frac{z^{n-1}}{2^n}-\frac{1}{z^{n+1}}\right)$ (2) $\sum_{n=0}^{\infty}(2^n-1)\frac{1}{z^{n+1}}$

9. $\sum_{n=1}^{\infty}n(z+1)^{n-4}$

习 题 五

1. (1) $m-n$ 级极点，$n-m$ 级零点，可去奇点

(2) $z=0$ 是三级零点，$z=2k\pi i$（$k=\pm1$，±2，…）是一级零点

(3) $\frac{\sqrt{2}}{2}(1-i)$，$\frac{\sqrt{2}}{2}(i-1)$ 三级极点，∞，6 级极点 (4) 9

(5) $-m$ (6) -2 (7) $-\frac{1}{24}$ (8) $\frac{\pi}{12}i$ (9) $2\pi i$ (10) $\frac{\pi}{e}i$

2. (1) B (2) D (3) B (4) B (5) B
(6) D (7) A (8) B (9) A (10) B

3. (1) $z=0$ 为简单极点，$z=\pm 3\mathrm{i}$ 为二阶极点 (2) $z=0$，可去奇点
(3) $z=0$，二阶极点 (4) $z=1$，本性奇点

4. (1) $\mathrm{Res}[f(z),0]=-\dfrac{1}{3}$，$\mathrm{Res}[f(z),3]=\dfrac{7}{3}$

(2) $\mathrm{Res}[f(z),0]=0$，$\mathrm{Res}[f(z),k\pi]=\dfrac{(-1)^k}{k\pi}$，$k=\pm 1,\pm 2,\cdots$

(3) $\mathrm{Res}[f(z),\mathrm{i}]=-\dfrac{3}{8}\mathrm{i}$，$\mathrm{Res}[f(z),-\mathrm{i}]=\dfrac{3}{8}\mathrm{i}$

(4) $\mathrm{Res}[f(z),0]=1$

5. (1) $-\pi\mathrm{i}$ (2) 0 (3) $\dfrac{1}{2}(3\mathrm{e}^2+\mathrm{e}^{-2})\pi\mathrm{i}$ (4) $-12\mathrm{i}$

6. (1) 简单极点，-1 (2) 本性奇点，0 (3) 可去奇点，2

7. (1) $-\dfrac{2}{3}\pi\mathrm{i}$ (2) $2\pi\mathrm{i}$

8. (1) $\dfrac{\pi}{2}$ (2) $\dfrac{2\pi}{\sqrt{a^2-1}}$ (3) $\dfrac{\pi}{2a}$ (4) $\dfrac{\pi}{2\sqrt{2}}$ (5) $\pi\mathrm{e}^{-1}\cos 2$ (6) $\pi\mathrm{e}^{-1}$

习 题 六

1. (1) $\arg f'(z_0)$，$|f'(z_0)|$ (2) 2，$\dfrac{\pi}{2}$ (3) 保角性与伸缩率的不变性

(4) 是单叶且保角的 (5) $w=\dfrac{z-6\mathrm{i}}{3\mathrm{i}z-2}$ (6) $z+1$

(7) 角形域 $0<\arg w<\dfrac{3}{4}\pi$ (8) 扇形域 $0<\arg w<\pi$ 且 $|w|<8$

(9) 下半平面 $\mathrm{Im}w<0$ (10) 带形区域：$0<\mathrm{Im}w<\pi$

2. (1) B (2) A (3) D (4) C (5) A
(6) A (7) D (8) B (9) B (10) C

3. (1) 以 $w_1=-1$，$w_2=-\mathrm{i}$，$w_3=\mathrm{i}$ 为顶点的三角形 (2) 圆域 $|w-\mathrm{i}|\leqslant 1$

4. (1) $w=\dfrac{(1+\mathrm{i})(z-\mathrm{i})}{1+z+3\mathrm{i}(1-z)}$ (2) $w=\dfrac{\mathrm{i}(z+1)}{1-z}$ (3) $w=-\dfrac{1}{z}$ (4) $w=\dfrac{1}{1-z}$

5. (1) $w=-\mathrm{i}\dfrac{z-\mathrm{i}}{z+\mathrm{i}}$ (2) $w=\mathrm{i}\dfrac{z-\mathrm{i}}{z+\mathrm{i}}$ (3) $w=-\dfrac{z-\mathrm{i}}{z+\mathrm{i}}$

6. (1) $w=\dfrac{2z-1}{z-2}$ (2) $w=\dfrac{\mathrm{i}(2z-1)}{2-z}$

7. $w=\dfrac{z^3-\mathrm{i}}{z^3+\mathrm{i}}$

8. $w=-\left(\dfrac{z+\sqrt{3}}{z-\sqrt{3}}\right)^3$

9. $w=\mathrm{e}^{\frac{z-a\mathrm{i}}{b-a}\pi}$

10. $w=\mathrm{e}^{2\pi\mathrm{i}\frac{z}{z-2}}$

习 题 七

1. (1) $\dfrac{1}{\beta+\mathrm{j}\omega}$ (2) $2\pi\delta(\omega)$ (3) $f(t)=\begin{cases}0, & t<0\\ \mathrm{e}^{-2t}, & t\geqslant 0\end{cases}$

(4) $\pi\delta(\omega)-\dfrac{1}{2}\pi[\delta(\omega+2)+\delta(\omega-2)]$ (5) $\mathrm{e}^{-\mathrm{j}\omega t_0}F(\omega)$

(6) $\mathrm{j}F'(\omega)+5F(\omega)$ (7) $\mathrm{e}^{-\mathrm{j}\omega}F(-\omega)$ (8) $\dfrac{1}{\mathrm{j}\omega}F(\omega)$

(9) $\mathrm{e}^{2\mathrm{j}t}|t|$ (10) $\dfrac{\omega}{\mathrm{j}(\omega^2-9)}+\dfrac{\pi}{2}[\delta(\omega+3)+\delta(\omega-3)]$

2. (1) A (2) C (3) A (4) A
(5) B (6) A (7) D (8) B

3. 略

4. $\mathscr{F}[f(t)]=\dfrac{2a}{a^2+\omega^2}$, $f(t)=\dfrac{2a}{\pi}\displaystyle\int_0^{+\infty}\dfrac{\cos\omega t}{a^2+\omega^2}\mathrm{d}\omega$

5. (1) $\dfrac{A}{\mathrm{j}\omega}(1-\mathrm{e}^{-\mathrm{j}\omega\tau})$ (2) $\dfrac{2}{\mathrm{j}\omega}(1-\cos\omega)$

6. (1) $\dfrac{4\sin\omega}{\omega}$, $\displaystyle\int_0^{+\infty}\dfrac{\sin\omega\cos\omega t}{\omega}\mathrm{d}\omega=\begin{cases}\dfrac{\pi}{4}, & |t|<1\\ 0, & |t|>1\\ \dfrac{\pi}{2}, & |t|=1\end{cases}$

(2) $\dfrac{2\mathrm{i}\sin\omega\pi}{\omega^2-1}$, $\displaystyle\int_0^{+\infty}\dfrac{\sin\omega\pi\sin\omega t}{1-\omega^2}\mathrm{d}\omega=\begin{cases}\dfrac{\pi}{2}\sin t, & |t|\leqslant\pi\\ 0, & |t|>\pi\end{cases}$

7. (1) $\cos a\omega+\cos\dfrac{a}{2}\omega$ (2) $\mathrm{e}^{-\mathrm{j}\omega}\cos 1$

8. (1) $\dfrac{2}{\mathrm{j}\omega}$ (2) $\dfrac{\mathrm{j}\pi}{2}[\delta(\omega+5)-\delta(\omega-5)]+\dfrac{\sqrt{3}\pi}{2}[\delta(\omega+5)+\delta(\omega-5)]$

(3) $\mathrm{j}\pi[\delta''(\omega+1)-\delta''(\omega-1)]$

(4) $\dfrac{\mathrm{j}\pi}{2}[\delta(\omega+\omega_0)-\delta(\omega-\omega_0)]-\dfrac{\omega_0}{\omega^2-\omega_0^2}$

(5) $\mathrm{e}^{-2\mathrm{j}(\omega-1)}\left[\dfrac{1}{\mathrm{j}(\omega-1)}+\pi\delta(\omega-1)\right]$

9. $f_1(t)*f_2(t)=\begin{cases}0, & t<0\\ 1-\mathrm{e}^{-t}, & t\geqslant 0\end{cases}$

10. $f_1(t)*f_2(t)=\begin{cases}0, & t\leqslant 1\\ 2(t-1)^3/3, & 1<t<2\\ \dfrac{2}{3}[(t-1)^3-(t-2)^3], & t\geqslant 2\end{cases}$

11. 略

习 题 八

1. (1) $(t-1)u(t-1)$　(2) $\frac{1}{s+3}e^{-\frac{5}{3}(s+3)}$　(3) $\frac{3}{s^2+9}$

(4) $\frac{1}{(s-1)^2+1}$　(5) $\frac{s-1}{(s-1)^2+1}$　(6) $\frac{2}{(s+3)^2+4}$

(7) $\frac{2}{(s-1)^3}-\frac{2}{(s-)^2}+\frac{1}{s-1}$　(8) $\frac{1}{2}(\sin t-t\cos t)$

(9) $F_1(s)F_2(s)$　(10) $\cos 4t+\frac{1}{2}\sin 4t$

2. (1) C　(2) D　(3) D　(4) B　(5) B

(6) B　(7) D　(8) C　(9) B　(10) B

3. (1) $\frac{1}{s}(3-4e^{-2s}+e^{-4s})$　(2) $\frac{1}{s-2}+5$　(3) $\frac{s^2}{s^2+1}$

4. (1) $\frac{2}{s^3}+\frac{3}{s^2}+\frac{2}{s}$　(2) $\frac{1}{s}-\frac{1}{(s+1)^2}$　(3) $\frac{10-3s}{s^2+4}$

(4) $\frac{1}{2}\left(\frac{1}{s-a}-\frac{s-a}{(s-a)^2+4}\right)$　(5) $\ln\left(\frac{s+a}{s}\right)$　(6) $2e^{-s}-\frac{3}{s+a}$

(7) $\frac{1}{s^2+1}e^{-2s}$　(8) $\frac{\cos 2+s\sin 2}{s^2+1}e^{-2s}$　(9) $\frac{2e^5}{s+5}$

(10) $\frac{4(s+3)}{[(s+3)^2+4]^2}$　(11) $\frac{1}{s}\left(\frac{\pi}{2}-\arctan\frac{s+3}{2}\right)$

(12) $\frac{2(3s^2+12s+13)}{s^2[(s+3)^2+4]^2}$

5. (1) $aF(as+1)$　(2) $aF(as+a^2)$

(3) $\frac{8}{9}F\left(\frac{s}{3}\right)$　$e^{-\frac{8}{3}s}$，$-F'\left(\frac{s}{3}\right)$　$\frac{1}{3}e^{-\frac{8}{3}s}$

(4) $-\frac{\beta e^{-\beta-\frac{\beta}{\alpha}s}}{\alpha^2}F'\left(\frac{s}{\alpha}\right)$　(5) $\frac{e^{-\frac{\beta}{\alpha}s}}{\alpha s}F\left(\frac{s}{\alpha}\right)$

6. (1) $e^{-t}-e^t$　(2) $\frac{t}{2}(e^t-e^{-t})$　(3) $\frac{e^t-e^{-t}}{t}$

(4) $\frac{-e^t-e^{-t}+2}{t}$　(5) $\sin(t-1)u(t-1)$

7. (1) $1-e^{-t}$　(2) $-\frac{1}{5}(e^{-2t}-6e^{3t})$　(3) $\delta(t)-\sin t$

(4) $2\cos 3t+\sin 3t$　(5) $-1+2e^t+2te^t$　(6) $-t+\frac{1}{2}(e^t-e^{-t})$

(7) $\frac{1}{3}(\cos t-\cos 2t)$　(8) $\frac{1}{2}+e^{-t}-\frac{3}{2}e^{-2t}$　(9) $\frac{1}{2}(\sin t-t\cos t)$

8. (1) $\ln 2$　(2) $\frac{1}{4}$　(3) 0

9. (1) $1-2e^t+e^{2t}$　(2) $\frac{1}{2}t^2e^t$　(3) $\sin t$

(4) $\frac{1}{2}+\frac{1}{2}e^{-2t}-e^{-t}$ (5) $\frac{1}{3}e^{-t}+4e^{t}-\frac{7}{3}e^{2t}$ (6) $x(t)=y(t)=e^{t}$

(7) $x(t)=3-2e^{-t}-e^{-2t}$, $y(t)=2-4e^{-t}+2e^{-2t}$

10. (1) $x(t)=\delta(t)-\sin(t)u(t)$ (2) $x(t)=(\cos t+\sin t)u(t)$

11. $i(t)=\frac{U_0}{L}e^{-\frac{R}{L}t}$

附录B 傅里叶变换简表

序号	$f(t)$	$F(\omega)$
1	矩形单脉冲 $f(t)=\begin{cases}E,\|t\|\leqslant T\\0,\|t\|>T\end{cases}$	$2E\dfrac{\sin wT}{w}$
2	指数衰减函数 $f(t)=\begin{cases}e^{-\beta t},t\geqslant 0\\0,t<0\end{cases},\beta>0$	$\dfrac{1}{\beta+j\omega}$
3	$\delta(t)$	1
4	$\delta^{(n)}(t)$	$(j\omega)^n$
5	$\delta(t-c)$	$e^{-j\omega c}$
6	$u(t)$	$\dfrac{1}{j\omega}+\pi\delta(\omega)$
7	$u(t-c)$	$\dfrac{1}{j\omega}e^{-j\omega c}+\pi\delta(\omega)$
8	$tu(t)$	$-\dfrac{1}{\omega^2}+\pi j\delta'(\omega)$
9	$t^n u(t)(n=1,2,\cdots)$	$\dfrac{n!}{(j\omega)^{n+1}}+\pi j^n\delta^{(n)}(\omega)$
10	1	$2\pi\delta(\omega)$
11	t	$2\pi j\delta'(\omega)$
12	$t^n(n=1,2,\cdots)$	$2\pi j^n\delta^{(n)}(\omega)$
13	e^{jat}	$2\pi\delta(\omega-a)$
14	$t^n e^{jat}(n=1,2,\cdots)$	$2\pi j^n\delta^{(n)}(\omega-a)$
15	$e^{a\|t\|},\mathrm{Re}a<0$	$\dfrac{-2a}{\omega^2+a^2}$
16	$\cos\omega_0 t$	$\pi[\delta(\omega+\omega_0)+\delta(\omega-\omega_0)]$
17	$\sin\omega_0 t$	$j\pi[\delta(\omega+\omega_0)-\delta(\omega-\omega_0)]$
18	$u(t)\cos\omega_0 t$	$\dfrac{j\omega}{a^2-\omega^2}+\dfrac{\pi}{2}[\delta(\omega+\omega_0)+\delta(\omega-\omega_0)]$
19	$u(t)\sin\omega_0 t$	$\dfrac{a}{a^2-\omega^2}+\dfrac{j\pi}{2}[\delta(\omega+\omega_0)-\delta(\omega-\omega_0)]$
20	$u(t)e^{jat}t^n$	$\dfrac{n!}{[j(\omega-a)]^{n+1}}+\pi j^n\delta^{(n)}(\omega-a)$
21	$\dfrac{\sin at}{t},a>0$	$F(\omega)=\begin{cases}\pi,\|\omega\|\leqslant a\\0,\|\omega\|>a\end{cases}$
22	$\mathrm{sgn}t$	$\dfrac{2}{j\omega}$

续表

序号	$f(t)$	$F(\omega)$
23	$\lvert t\rvert$	$-\dfrac{2}{\omega^2}$
24	$\dfrac{1}{\lvert t\rvert}$	$\dfrac{\sqrt{2\pi}}{\lvert\omega\rvert}$
25	e^{-at^2}，$\mathrm{Re}a>0$	$\sqrt{\dfrac{\pi}{a}}e^{-\frac{\omega^2}{4a}}$
26	$\dfrac{1}{a^2+t^2}$, $\mathrm{Re}a<0$	$-\dfrac{\pi}{a}e^{a\lvert\omega\rvert}$
27	周期性脉冲函数 $\sum\limits_{n=-\infty}^{+\infty}\delta(t-nT)$	$\dfrac{2\pi}{T}\sum\limits_{n=-\infty}^{+\infty}\delta\left(\omega-\dfrac{2n\pi}{T}\right)$

附录C 拉普拉斯变换简表

序号	$f(t)$	$F(s)$
1	1	$\frac{1}{s}$
2	$u(t)$	$\frac{1}{s}$
3	$\mathrm{sgn}t$	$\frac{1}{s}$
4	$\delta(t)$	1
5	$\delta^{(n)}(t)$	s^n
6	t	$\frac{1}{s^2}$
7	$t^n(n=1,2,\cdots)$	$\frac{n!}{s^{n+1}}$
8	$tu(t)$	$\frac{1}{s^2}$
9	$t^n u(t)(n=1,2,\cdots)$	$\frac{n!}{s^{n+1}}$
10	e^{at}	$\frac{1}{s-a}$
11	$1-\mathrm{e}^{-at}$	$\frac{a}{s(s+a)}$
12	$t\mathrm{e}^{at}$	$\frac{1}{(s-a)^2}$
13	$t^n\mathrm{e}^{at}(n=1,2,\cdots)$	$\frac{n!}{(s-a)^{n+1}}$
14	$\sin at$	$\frac{a}{s^2+a^2}$
15	$\cos at$	$\frac{s}{s^2+a^2}$
16	$\sin(at+\varphi)$	$\frac{s\sin\varphi+a\cos\varphi}{s^2+a^2}$
17	$\cos(at+\varphi)$	$\frac{s\cos\varphi-a\sin\varphi}{s^2+a^2}$
18	$t\sin at$	$\frac{2as}{(s^2+a^2)^2}$
19	$t\cos at$	$\frac{s^2-a^2}{(s^2+a^2)^2}$
20	$\mathrm{e}^{-bt}\sin\omega at$	$\frac{a}{(s+b)^2+a^2}$

续表

序号	$f(t)$	$F(s)$
21	$e^{-bt}\cos at$	$\dfrac{s+b}{(s+b)^2+a^2}$
22	$\dfrac{1}{a^2}(1-\cos at)$	$\dfrac{1}{s(s^2+a^2)}$
23	$\sin^2 t$	$\dfrac{1}{2}\left(\dfrac{1}{s}-\dfrac{s}{s^2+4}\right)$
24	$\cos^2 t$	$\dfrac{1}{2}\left(\dfrac{1}{s}+\dfrac{s}{s^2+4}\right)$
25	$\dfrac{2}{t}(1-\cos at)$	$\ln\dfrac{s^2+a}{s^2}$
26	$\dfrac{1}{t}\sin at$	$\arctan\dfrac{a}{s}$
27	$\dfrac{1}{t}(e^{bt}-e^{at})$	$\ln\dfrac{s-a}{s-b}$
28	$e^{at}-e^{bt}$	$\dfrac{a-b}{(s-a)(s-b)}$
29	$ae^{at}-be^{bt}$	$\dfrac{(a-b)s}{(s-a)(s-b)}$
30	$(1-at)e^{-at}$	$\dfrac{s}{(s+a)^2}$
31	$t\left(1-\dfrac{a}{2}t\right)e^{-at}$	$\dfrac{s}{(s+a)^3}$
32	$2\sqrt{\dfrac{t}{\pi}}$	$\dfrac{1}{s\sqrt{s}}$
33	$\dfrac{1}{\sqrt{\pi t}}$	$\dfrac{1}{\sqrt{s}}$
34	$\dfrac{1}{\sqrt{\pi t}}e^{at}(1+2at)$	$\dfrac{s}{(s-a)\sqrt{s-a}}$
35	$\dfrac{1}{\sqrt{\pi t}}\cos 2\sqrt{at}$	$\dfrac{1}{\sqrt{s}}e^{-\frac{a}{s}}$
36	$\dfrac{1}{\sqrt{\pi t}}\sin 2\sqrt{at}$	$\dfrac{1}{s\sqrt{s}}e^{-\frac{a}{s}}$

参 考 文 献

[1] 西安交通大学高等数学教研室. 复变函数. 北京：高等教育出版社，1996.

[2] 林鹏. 复变函数与积分变换. 北京：科学出版社，1981.

[3] 高宗升. 复变函数与积分变换. 北京：高等教育出版社，2005.

[4] John D Paliouras. Complex Variables for Scientistics and Engineers. New York：Macmillan，1975.

[5] 陈小柱. 复变函数习题全解. 大连：大连理工大学出版社，2001.

[6] 东南大学数学系. 积分变换. 北京：高等教育出版社，2003.

[7] 刁元胜. 积分变换. 广州：华南理工大学出版社，2006.

[8] 林益，刘国钧. 复变函数与积分变换. 武汉：华中科技大学出版社，2008.

[9] 尹景本，焦红伟. 复变函数与积分变换. 北京：北京大学出版社，2007.

[10] 余家荣. 复变函数. 4 版. 北京：高等教育出版社，2007.